Einsatz von E-Learning

im Architekturmanagement

Nicole Illek

Bettina Schwarzer

Einsatz von E-Learning im Architekturmanagement

Bibliografische Information

der Deutschen Nationalbibliothek

Die deutsche Nationalbibliothek verzeichnet diese Publikation in der Deutschen Nationalbibliografie; detaillierte bibliografische Daten sind im Internet über http://dnb.d-nb.de abrufbar.

ISBN-13   9783839168653

Herstellung und Verlag: Books on Demand GmbH, Norderstedt.

Geleitwort

Enterprise Architecture Management (EAM) und E-Learning sind beides Themen, die bereits vielfach sehr erfolgreich umgesetzt wurden. Auch wenn die beiden Themen auf den ersten Blick nicht miteinander verbunden sind, so liegt doch der Gedanke nahe, E-Learning einzusetzen, um eine wesentliche Voraussetzung für erfolgreiches Architekturmanagement zu schaffen: Die Schulung der beteiligten Mitarbeiter, die häufig aus verschiedenen Abteilungen kommen und oftmals weltweit verteilt sind.

Der Einsatz von E-Learning in EAM-Projekten könnte viele Vorteile mit sich bringen: Die Schulungen könnten zeit- und ortsunabhängig stattfinden und die Mitarbeiter könnten sich bei Bedarf die benötigten Inhalte aneignen.

Erstaunlicherweise finden sich in Theorie und Praxis kaum Beispiele für E-Learning im Architekturmanagement. Doch woran liegt das? Sind die für erfolgreiches EAM relevanten Inhalte nicht über elektronische Medien vermittelbar, sind die technischen Möglichkeiten nicht ausreichend oder ist bisher nur niemand auf die Idee gekommen?

Das vorliegende Buch bietet einen Einstieg in die Thematik. Ohne auf technische Details einzugehen, werden die Möglichkeiten des E-Learning dargestellt und die notwendigen Schulungsinhalte für verschiedene Rollen am Beispiel des Bebauungsmanagements untersucht.

Stuttgart, Juni 2011
Dr. Stefan Zerbe, Geschäftsführer
ITM Beratungsgesellschaft mbH

Vorwort

Enterprise Architecture Management (EAM) ist ein vielschichtiges Thema und die Einführung im Unternehmen ist aufgrund der Komplexität der Materie immer mit einem sehr großen Schulungsaufwand verbunden. Doch warum wird in der Praxis dafür kein E-Learning eingesetzt?

Dieses Buch geht am Beispiel des Bebauungsmanagements, als Teilbereich des EAM, der Frage nach, ob die relevanten Inhalte auch durch E-Learning vermittelt werden könnten. Es wird kein fertiges Schulungskonzept entwickelt, sondern ein strukturierter Überblick gegeben, welche Schulungsinhalte für Bebauungsmanagement mit Hilfe welcher E-Learning Techniken umgesetzt werden könnten.

Das Buch ist in enger Zusammenarbeit mit der Firma ITM und ihren Mitarbeitern entstanden. Unser besonderer Dank gilt Frau Dr. Angela Frankfurth, die uns mit Ihrem umfangreichen Wissen im Enterprise Architecture Management und bei Fragen zur Didaktik unterstützt hat.

Nicole Illek Dr. Bettina Schwarzer

Stuttgart, Juni 2011 Stuttgart, Juni 2011

Inhaltsverzeichnis

1 Einleitung

1.1 Wissensvermittlung als Herausforderung für das Enterprise Architecture Management

Enterprise Architecture Management (EAM, dt. Unternehmensarchitekturmanagement) ist seit einigen Jahren ein wichtiges Thema in den IT-Abteilungen vieler Großunternehmen. Die stetig steigende Zahl von EAM-Projekten in den Unternehmen lässt darauf schließen, dass sich insbesondere die Großunternehmen und zunehmend auch die großen Mittelständler mit ihren häufig sehr komplexen IT-Landschaften der Relevanz des Themas durchaus bewusst sind.

EAM stellt Methoden und Werkzeuge für die Planung, den Aufbau und die Weiterentwicklung der so genannten Enterprise Architecture (dt. Unternehmensarchitektur) bereit. Die Enterprise Architecture (EA) umfasst keinesfalls nur die IT, wie Anwendungssysteme und technische Infrastrukturen, sondern insbesondere auch die Aufbauorganisation, Geschäftsprozesse, Strategien und Business Capabilities des Unternehmens (Ernst et al., 2005, S. 42). Damit bildet sie einen wichtigen Ansatzpunkt für die konsequente Ausrichtung, das so genannte „Alignment", von Business- und IT-Bereichen in Unternehmen und öffentlichen Verwaltungen (Hirvonen, 2005, 13; Morse, 2008, S. 2).

Durch gezieltes Management der Enterprise Architecture soll die Kluft zwischen Fach- und IT-Bereichen, die in der Vergangenheit zu Problemen geführt hat, überwunden werden. Gemeinsame, zukunftsorientierte Planungsverfahren, sowie Entscheidungs- und Umsetzungsprozesse sollen den Geschäfts- und IT-Fokus miteinander verbinden und sicherstellen, dass die IT die derzeitigen und zukünftigen Anforderungen der Fachabteilungen abdeckt und gleichzeitig ausreichend Flexibilität bietet, um schnell auf neue Anforderungen reagieren zu können.

Ein sehr wichtiger, für viele Unternehmen sogar der wichtigste, Aufgabenbereich des EAM ist das sogenannte Bebauungsmanagement. Das Bebauungsmanagement beschäftigt sich mit der Abbildung und Analyse der aktuellen Ist-Unternehmensarchitektur sowie der Gestaltung und Darstellung der zukünftigen Soll-Architekturen. Bebauungsmanagement erfordert eine enge Zusammenarbeit zwischen Fach- und IT-Bereichen, denn im Mittelpunkt steht die Frage, wie zukünftig die Geschäftsprozesse ablaufen sollen und welche Art der IT-Unterstützung dafür erforderlich ist. Diese Frage können weder die Mitarbeiter der IT-Abteilung alleine beantworten, da ihnen in der Regel die fachlichen Abläufe und die zukünftigen Planungen nicht ausreichend bekannt sind, noch die Mitarbeiter der Fachabteilungen, da ihnen in der Regel ein tiefergehendes technisches Verständnis fehlt.

Die Tatsache, dass sich in der Praxis sehr häufig nur die IT-Abteilungen mit EAM bzw. Bebauungsmanagement beschäftigen, ist bedauerlich: Der Aufbau und die Steuerung einer Enterprise Architecture sind nur bei oberflächlicher Betrachtung ein IT-Projekt. IT und Geschäftsprozesse sind heute eng miteinander verwoben und um eine flexible und zukunftsorientierte Ausrichtung des Gesamtunternehmens zu erreichen, müssen sowohl strategische und organisatorische Aspekte als auch technische Möglichkeiten integriert betrachtet werden. Die Aufgabe des Bebauungsmanagements sollte daher nicht ausschließlich IT-Spezialisten übertragen werden, sondern Management und Mitarbeiter aller Unternehmensbereiche sollten sich damit auseinandersetzen, um gemeinsam Potentiale für das Gesamtunternehmen zu identifizieren und eine entsprechende Umsetzung zu gewährleisten.

Wenn EAM flächendeckend in einem Unternehmen eingeführt werden soll – und nur dann können die Potentiale voll ausgeschöpft werden – betrifft das Thema nicht nur einige wenige Spezialisten sondern, je nach Unternehmensgröße, einige Hundert bis einige tausend Mitarbeiter. Da EAM ein komplexes und neues Thema ist, verfügen die Mitarbeiter in der Regel über kein oder nur sehr begrenztes Know-how, so dass ein sehr hoher Schulungsaufwand die Folge ist. Kompliziert wird die Situation durch zwei weitere Aspekte:

- Zum einen bringen die Mitarbeiter der Fachbereiche und die Mitarbeiter der IT-Abteilungen in der Regel sehr unterschiedliche Vorkenntnisse z.B. hinsichtlich Modellierungsmethoden und -werkzeugen mit, so dass differenzierte Schulungen für unterschiedliche Gruppen angeboten werden müssen.
- Zum anderen werden je nach Tätigkeitsgebiet und hierarchischer Ebene unterschiedliche Aufgaben im Architekturmanagement wahrgenommen, die wiederum unterschiedliche Schulungsinhalte erforderlich machen.

Die Vermittlung von EAM relevantem Know-how stellt somit eine große Herausforderung bei der Einführung von EAM dar. Vor diesem Hintergrund stellt sich den Unternehmen die Frage, wie den Mitarbeitern das notwendige Know-how für EAM möglichst effizient und effektiv vermittelt werden kann.

Ein möglicher Ansatzpunkt um der Schulungsherausforderung zu begegnen, könnte E-Learning sein. Beim E-Learning werden Lerninhalte zeit- und ortsunabhängig über elektronische Kanäle vermittelt. Obwohl diese Überlegung im Kontext des EAM naheliegend erscheint, gibt es bislang weder wissenschaftliche Erkenntnisse noch Erfahrungsberichte aus der Praxis über den Einsatz von E-Learning im Architekturmanagement.

1.2 Ziele und Aufbau des Buches

Vor diesem Hintergrund untersucht das vorliegende Buch, ob E-Learning ein möglicher Weg sein könnte, um Schulungen für das Architekturmanagement flächendeckend effizient und effektiv abzuwickeln. Da EAM ein sehr großes, komplexes Themengebiet ist, wird die Betrachtung auf das Kernstück des EAM, das Bebauungsmanagement, eingegrenzt.

Um das Thema systematisch anzugehen, werden im Folgenden drei Fragen in den Mittelpunkt der Ausführungen gestellt:

1. Welche Wissensbedarfe bestehen im Bebauungsmanagement, d.h. welche Inhalte müssten geschult werden?
2. Welche E-Learning-Techniken und Lernsituationen sind in Unternehmen aktuell möglich?
3. Wie können Inhalte des Bebauungsmanagements mit E-Learning übermittelt und vermittelt werden?

Um diese Fragen beantworten zu können, wird in Kapitel 2 ein Überblick über die Grundlagen des Bebauungsmanagements gegeben. Dazu wird zunächst der Begriff der Unternehmensarchitektur erläutert und das Bebauungsmanagement in den Zusammenhang des EAM eingebettet.

Kapitel 3 gibt einen Überblick über das Thema E-Learning. In Abschnitt 3.1 werden die Grundlagen des E-Learning betrachtet. Verschiedene technische Realisierungsmöglichkeiten werden in Abschnitt 3.2 aufgezeigt. Dabei wird auf web- und computergestützte Trainings eingegangen. Weitere klassische E-Learningtechniken und neuere Formen wie die des M-Learning und das E-Learning 2.0 werden betrachtet. In Abschnitt 3.3 werden mögliche Lernsituationen aufgezeigt, in denen sich ein Lernender befinden kann. Dabei wird der Faktor Zeit sowie die Ortsabhängigkeit berücksichtigt, zudem die Präferenz nach eigenständigem oder vorgegebenem Handeln. Die Betrachtung, welche Arten von Inhalten sich vornehmlich für die Umsetzung mittels E-Learning eignen erfolgt in Abschnitt 3.4.

Eine Verbindung zwischen E-Learning und Bebauungsmanagement wird in Kapitel 4 hergestellt. Es wird mit einem Blick auf die dabei relevanten Rollen in Abschnitt 4.1 begonnen. Anschließend wird in Abschnitt 4.2 der Wissensbedarf aus dem Bebauungsmanagement pro Rolle identifiziert. Darauf folgt in Abschnitt 4.3 die Betrachtung der mediengestalterischen Aufbereitungsmöglichkeiten dieser Inhalte. Abschnitt 4.4 zeigt die Möglichkeiten der Mediengestaltung pro Technik auf und in Abschnitt 4.5 wird die Lernsituation je Rolle in Augenschein genommen. Die Betrachtung der Einflussfaktoren auf die Umsetzung des Architekturmanagements mittels E-Learning wird in Abschnitt 4.6 mit der Betrachtung der technischen Realisierung pro Lernsituation beendet. Darauf werden in Abschnitt 4.7 mögliche Lernszenarien aufgezeigt, die alle diese Einflussfaktoren berücksichtigen.

In Kapitel 5 werden die Erkenntnisse der Arbeit zusammengefasst und es wird ein Ausblick auf die künftige Entwicklung gegeben.

Die folgende Abbildung gibt einen Überblick über die Struktur des Buches.

Abb. 1: Aufbau des Buches
Quelle: Eigene Darstellung

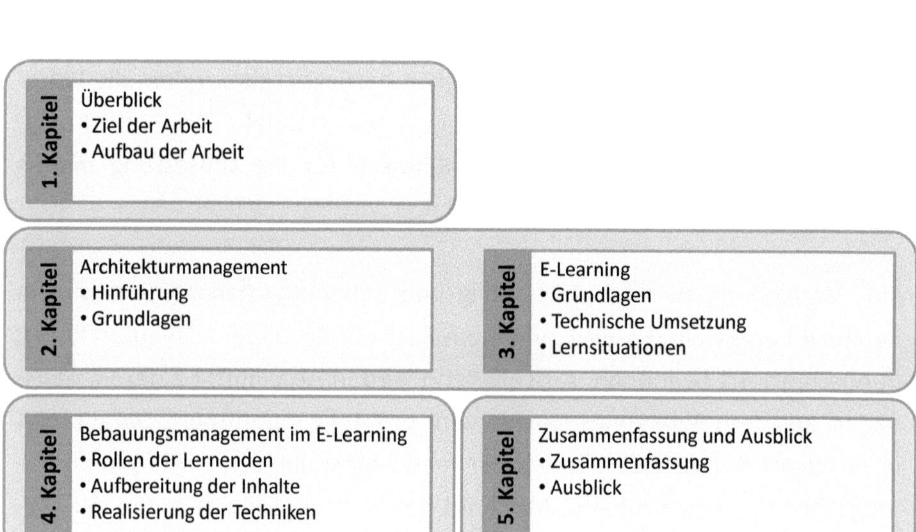

2 Enterprise Architecture Management und Bebauungsmanagement

Enterprise Architecture Management ist ein sehr weites und komplexes Themengebiet, das vielfältige Aufgabenbereiche umfasst. Ein wichtiger Aufgabenbereich des EAM ist das sogenannte Bebauungsmanagement. Im Folgenden wird das Bebauungsmanagement in den Zusammenhang zur Unternehmensarchitektur und dem EAM gestellt und es wird aufgezeigt, welche Inhalte relevant sind, wenn ein Unternehmen Bebauungsmanagement einführen möchte.

2.1 Unternehmensarchitekturen und EAM

2.1.1 Was ist eine Unternehmensarchitektur?

Den Ausgangspunkt für die Gestaltung der Unternehmensarchitektur bildet zumeist eine über viele Jahre hinweg gewachsene IT-Landschaft. In vielen Unternehmen besteht diese aus einem Geflecht aus PCs, Client-Server-Systemen und Mainframes, die mit einer Vielzahl von Betriebssystemen, Anwendungen, Datenbanken, Programmiersprachen und systemnaher Software arbeiten (Hagen, 2003; Lindström et al., 2006). Häufig haben die IT-Landschaften inzwischen eine Komplexität erreicht, die nur noch schwer zu überschauen und zu beherrschen ist (Masak, 2005, S. 2; Hanschke, 2009, S. 1). Transparenz ist kaum gegeben, Entscheidungen werden häufig durch technische Notwendigkeiten und nicht durch strategische Überlegungen getrieben (Schwarzer, 2009, S. 2).

Eine derartige Situation ist für die Unternehmen in der heutigen Zeit unter Umständen verhängnisvoll, denn sie können nicht schnell genug auf die sich verändernden Wettbewerbsbedingungen reagieren und sie haben aufgrund der veralteten Systeme mit hohen Kosten zu kämpfen. Viele Unternehmen sehen einen Lösungsansatz für dieses Problem im gezielten Management der Unternehmensarchitektur.

Das Themengebiet „Enterprise Architecture" ist durch begriffliche Unschärfe und Heterogenität gekennzeichnet (Ross, 2003, S. 1; Sinz, 2004, S. 315). Eine Ursache hierfür kann in der Bandbreite unterschiedlichster Auffassungen gesehen werden (Drobik, 2002, S. 2). Dementsprechend finden sich zahlreiche Definitionen in der Literatur, eine allgemein akzeptierte Definition gibt es jedoch nicht (Slusanschi, 2006, S. 13). Im Folgenden werden verschiedene Definitionen betrachtet und Gemeinsamkeiten herausgearbeitet, die für die weiteren Ausführungen wichtig sind.

Folgende Definition stammt von Hanschke:

> Unternehmensarchitektur ist eine „vollständig integrierte Sammlung von Modellen und Dokumenten über die Bereiche Business, Informationen, Informationssysteme und Technologien hinweg" (Hanschke, 2009, S. 318).

Hier liegt der Fokus auf der Sammlung von Informationen, der Dokumentations-Charakter steht folglich im Vordergrund. Riege, Stutz und Winter sehen das ebenso und ergänzen jedoch den Entwicklungscharakter. Damit weisen sie darauf hin, dass die Unternehmensarchitektur nicht nur als aktueller Stand gesehen werden kann sondern auch Ansatzpunkte für zukünftige Entwicklungen sichtbar macht. (Riege et al., o. J., S. 40) In diesem Zusammenhang ist auch Lankhorst zu nennen, der die Unternehmensarchitektur zum einen als Produkt in Form der Dokumente, und zum anderen als Prozess beschreibt, da das Unternehmen an sich und speziell auch die IT ständig verändert und angepasst werden wollen. (Lankhorst, 2005, S. 5)

Schekkerman definiert Unternehmensarchitektur wie folgt:

„Enterprise Architecture is a complete expression of the enterprise; a master plan which „acts as a collaboration force" between aspects of business planning such as goals, visions, strategies and governance principles; aspects of business operations such as business terms, organisation structures, processes and data; aspects of automation such as information systems and databases; and the enabling technological infrastructure of the business such as computers, operating systems and networks. In a large modern enterprise, a rigorously defined framework is necessary to be able to capture a vision of the „entire organisation" in all its dimensions and complexity. Enterprise Architecture (EA) is a program supported by frameworks, which is able to coordinate the many facets that make up the fundamental essences of an enterprise at a holistic way." (Schekkerman, 2004, S. 13f.)

Schekkerman sieht in der Unternehmensarchitektur eine ganzheitliche Darstellung des Unternehmens, die die Unternehmensplanung mit der Geschäftstätigkeit und der dazu eingesetzten Technik verbindet. Diese Verbindung von Informationssystemen und dem Geschäftsbetrieb spricht ebenfalls Hirvonen an. (Hirvonen, 2005, S. 14) Die Definitionen von Schekkerman und Hanschke verbindet der Dokumentationscharakter der Unternehmensarchitektur. Schekkerman ergänzt, dass ein Framework erforderlich ist, um die vielen Aspekte zu vereinen, die zur umfassenden Steuerung des Unternehmens notwendig sind.

Niemann greift viele der genannten Aspekte in seiner Definition auf und erklärt Unternehmensarchitektur wie folgt:

„Eine Unternehmensarchitektur ist eine strukturierte und aufeinander abgestimmte Sammlung von Plänen für die Gestaltung der IT-Landschaft eines Unternehmens, die in verschiedenen Detaillierungen und Sichten, ausgerichtet auf spezielle Interessengruppen (z.B. Manager, Planer, Auftraggeber, Designer), unterschiedliche Aspekte von IT-Systemen (z.B. Daten, Funktionen, Schnittstellen, Plattformen, Netzwerke) und deren Einbettung in das Geschäft (z.B. Ziele, Strategien, Geschäftsprozesse) in vergangenen, aktuellen und zukünftigen Ausprägungen darstellen." *(Niemann, 2005, S. 21f.)*

Auch wenn er eher die technische Seite betrachtet, sind viele Aspekte seiner Definition für die weiteren Überlegungen wichtig:

- Die Architektur, genauer ihre Komponenten und Schlüsselelemente sowie deren Zusammenhänge, kann in Form von Plänen bzw. Modellen dokumentiert, visualisiert und veranschaulicht werden.

- Die Dokumentation der Architektur kann auf unterschiedlichen Detaillierungsniveaus erfolgen und unterschiedliche Sichten widerspiegeln. So können die Anforderungen unterschiedlichster Interessensgruppen erfüllt und ein unternehmensweiter Einsatz ermöglicht werden.

- Die Entwicklung, Darstellung und Nutzung der Architektur muss an den Anforderungen der verschiedenen Interessensgruppen (Stakeholder) ausgerichtet werden, da diese sehr unterschiedliche Informationsbedarfe und Vorkenntnisse haben.

- Die Enterprise Architecture umfasst sowohl technische als auch betriebswirtschaftliche Aspekte.

- Die Enterprise Architecture bildet nicht nur einen Zustand ab, sondern sollte sowohl die Historie, den aktuellen Ist-Zustand (As Is) als auch den angestrebten Ziel- bzw. Soll-Zustand[1] der Architektur abbilden.

- Die Architektur soll die Darstellung und den Vergleich alternativer Gestaltungsansätze auf dem Weg zur Zielarchitektur erlauben, um so eine Grundlage für fundierte Gestaltungsentscheidungen zu legen.

In der Literatur werden verschiedene Elemente der Unternehmensarchitektur unterschieden. Dahinter steht die Idee, die wichtigsten Teile bzw. Aspekte eines Unternehmens und deren Beziehungen zueinander in Modellen abzubilden, um in aggregierter Form den Ist-Zustand, bzw. den Soll-Zustand eines Unternehmens darzustellen. (Aier et al., 2008, S. 292) Auch in diesem Zusammenhang gibt es keine allgemein akzeptierte Sichtweise, sondern unterschiedliche Einteilungen und Darstellungsformen.

---

[1] In diesem Zusammenhang wird teilweise auch der Begriff der „Target-Architecture" verwendet. Der Begriff „To Be-Architektur" wird in der Praxis nicht eindeutig verwendet. Einerseits wird er für die Plan-Architekturen auf dem Weg zur Ziel-Architektur verwendet, andererseits für die Ziel-Architektur.

Deutschsprachige Vertreter des Enterprise Architecture Managements wie Dern, Keller und Niemann, verwenden eine Architekturpyramide. Dern unterteilt seine Pyramide in die Elemente Strategie, Businessarchitektur, Informationsarchitektur, IT-Architekturen und IT-Basisinfrastruktur. (Dern, 2006, S. 6) Keller wählt die gleiche Struktur, verwendet jedoch andere Begrifflichkeiten (vgl. Abbildung 2). Niemann vereinfacht diese Pyramide und bildet sie lediglich als Geschäftsarchitektur, Anwendungsarchitektur und Systemarchitektur ab. (Niemann, 2005, S. 17)

Abb. 2: IT-Unternehmensarchitekturpyramide
Quelle: In Anlehnung an Keller (2007, S. 22)

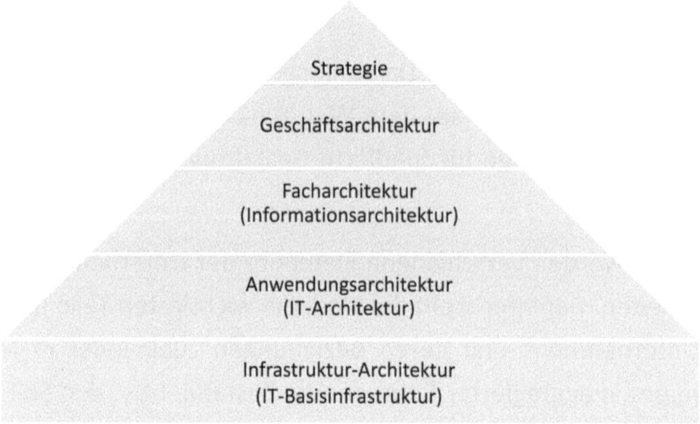

Keller unterscheidet fünf Ebenen (Keller, 2007, S. 23ff.):

- **Strategie:** Die IT-Strategie wird abgeleitet aus der Unternehmens-strategie und gibt die strategischen Ziele für die IT-Funktion des Unternehmens.

- **Geschäftsarchitektur:** Die Geschäftsarchitektur ist die Summe aller Beschreibungen der Geschäftsprozesse des Unternehmens.

- **Facharchitektur:** Die Facharchitektur beschreibt die Kern-Anwendungslandschaft des Unternehmens, d.h. sie umfasst die Systeme, die branchenspezifische Funktionalität besitzen, nicht aber Systeme, die in allen Branchen identisch verwendet werden wie beispielsweise Buchhaltungssysteme.

- **Anwendungsarchitektur:** Die Anwendungsarchitektur ist frei von fachlichen Fakten und beschreibt, in welchen technischen Schichten und mit welchen Arten von Komponenten ein Softwaresystem aufgebaut ist.

- **Infrastruktur-Architektur:** Die Infrastruktur-Architektur beschreibt die Ausführungsplattformen, d.h. Kommunikationsnetze, Server und systemnahe Softwarekomponenten eines Unternehmens.

Einen anderen Ansatz vertreten Werres, Foegen, Günzel & Rohloff. Sie unterteilen die Unternehmensarchitektur in die Bereiche Geschäftsarchitektur und IT-Architektur und fügen noch den Gedanken des Architekturmanagements hinzu (vgl. Abbildung 3). Der Bereich Geschäftsarchitektur beschäftigt sich mit den Prozessen, Informationen, Rollen und Orten. Die IT-Architektur besteht aus Anwendungen, Daten und der IT-Infrastruktur, also der Hardware, der Software und der beinhalteten Daten. Diese Sichtweise wird im

Folgenden zugrunde gelegt. Unter dem Überbegriff des Architekturmanagements werden die Architekturprozesse, die Architekturorganisation in Form von Rollen, Verantwortlichkeiten, Personen und Teamstrukturen verstanden, sowie Architekturprinzipien, also die „Leitplanken" des Architekturmanagements.

Abb. 3: Teilbereiche der Unternehmensarchitektur
Quelle: Eigene Darstellung in Anlehnung an Werres (2002, S. 7), Foegen (2005, S. 13), Günzel & Rohloff (2003, S. 423)

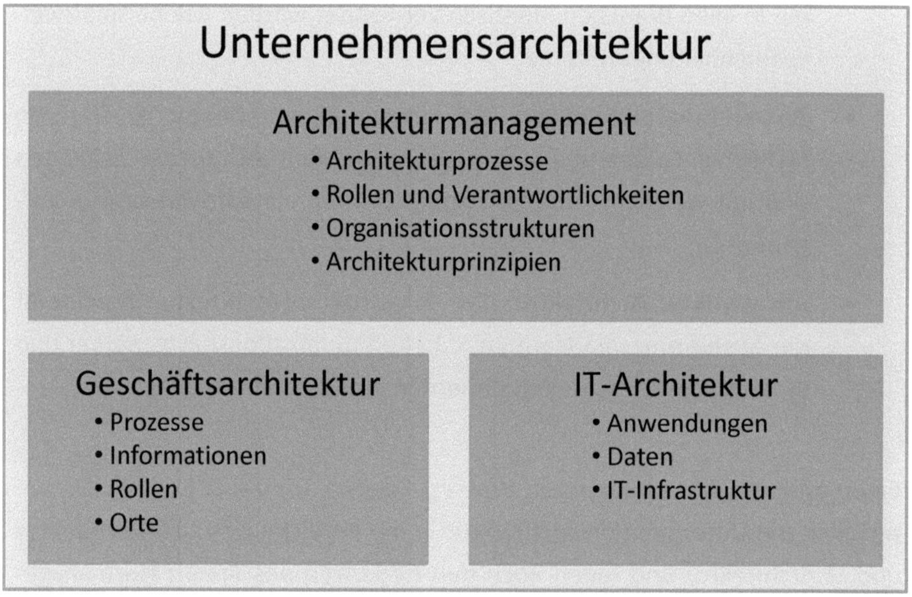

Die verschiedenen Teilbereiche der EA müssen mit ihren Zusammenhängen abgebildet werden, um ein umfassendes Abbild des Unternehmens zu ermöglichen. Darüber hinaus müssen die Prozesse für Planung und Gestaltung der verschiedenen Teilbereiche aufeinander abgestimmt oder sogar integriert werden, um die Abhängigkeiten berücksichtigen zu können. Da die Dokumentation der Architektur nur mit großem finanziellem und personellem Aufwand erstellt werden kann und schnell veraltet (Buhl & Heinrich, 2004, S. 311), muss ein organisatorisch verankertes „Enterprise Architecture Management"[2] dafür sorgen, dass diese kontinuierlich aktuell gehalten und weiterentwickelt werden.

2.1.2 Was macht Enterprise Architecture Management?

Krcmar bezeichnet das Enterprise Architecture Management (EAM) als "die Königsdisziplin der IT" (zit. nach Quack, 2006). Lux et al. bezeichnen mit EAM den Prozess der Auswahl, Dokumentation und Entwicklung von Elementen der Unternehmensarchitektur. Elemente können bspw. die Geschäftsprozesse oder die IT-Infrastruktur sein, sowie deren Beziehungen untereinander. (Lux et al., 2008, S. 19f.; Werres, 2002, S. 7; Jost et al., 2006)

Das Enterprise Architecture Management[3] übernimmt die Verantwortung für eine anforderungsgetriebene und effektive Vorgehensweise bei der Erarbeitung, Pflege und dem Einsatz der Architekturen bzw. der sonstigen EA-Produkte (Werres, 2002). EAM verfolgt das Ziel, einen ganzheitlichen Überblick über bestehende und geplante Architekturen zu geben. Auf dieser Basis sollen Gestaltungsentscheidungen hinsichtlich der Ausrichtung der Architektur an der Unternehmensstrategie getroffen und Gestaltungsregeln,

---

[2] In der Literatur wird nicht immer eindeutig zwischen den Begriffen „Enterprise Architecture" und „Enterprise Architecture Management" unterschieden (Leitel, 2007, S. 13)

[3] Teilweise finden sich in der Literatur auch die Begriffe „Management von IT-Architekturen" oder „IT-Architektur-Engineering".

z.B. hinsichtlich der Verwendung bestimmter Technologien festgelegt werden. EAM hat somit vorrangig einen Planungs- und Steuerungscharakter.

Typische Aufgabenbereiche des EAM sind nach Buckl et al. (2008):

- **Landscape Management:** Dokumentation der Ist-Landschaft sowie Entwicklung von zukünftigen Plan- und Soll-Landschaften.
- **Demand Management:** Aufnahme fachlicher Anforderungen und Analyse bezüglich Ähnlichkeiten betroffener Elemente wie z.B. Geschäftsprozesse.
- **Project Portfolio Management**: Priorisierung von Projekten nach ausgewählten Kriterien.
- **Synchronization Management**: Überwachung der Abhängigkeiten zwischen laufenden und geplanten Projekten.
- **Strategies and Goals Management**: Ausrichtung der EAM Aktivitäten an der Unternehmensstrategie.
- **Business Objects Management**: Betrachtung von Geschäftsobjekten wie Kunde oder Vertrag, die von Anwendungssystemen während eines Geschäftsprozesses erstellt, verwendet oder verändert werden.
- **SOA Transformation Management**: Transformation der Unternehmensarchitektur in eine serviceorientierte Architektur.
- **IT-Architecture Management**: Standardisierung und Homogenisierung der Anwendungslandschaft durch Festlegung und Umsetzung von Standards.
- **Infrastructure Management:** Ausgehend von einer Bestandsaufnahme sollen Redundanzen und mögliche Einsparpotentiale identifiziert und durch geeignete Projekte realisiert werden.

Da der Aufgabenbereich „Landscape Management" (häufig Bebauungsmanagement genannt), in vielen Unternehmen den Kern des EAM darstellt und in diesem Buch im Hinblick auf die Unterstützungsmöglichkeiten durch E-Learning untersucht wird, wird im Folgenden näher darauf eingegangen.

2.2 Bebauungsmanagement als Aufgabe des EAM

In diesem Kapitel werden die Grundlagen des Bebauungsmanagements erläutert, die für die Umsetzung eines E-Learning Ansatzes im Bebauungsmanagement relevant sind.

2.2.1 Grundlagen des Bebauungsmanagements

In der Praxis wird Landscape Management häufig auch als „Bebauungsmanagement" oder als „IT-Architekturmanagement" bezeichnet. Typischerweise wird darunter die Dokumentation der Ist-Landschaft und die Planung und Gestaltung der zukünftigen IT- und Prozess-Landschaft des Unternehmens verstanden. (Hanschke, 2009, S. 311) Das Bebauungsmanagement verbindet abstrakte IT-Strategien mit der taktischen Umsetzung in Projekten. Eine weitere wichtige Aufgabe ist die zeitabhängige Darstellung der Entwicklung der Anwendungslandschaft und das Bereitstellen eines Orientierungsrahmens zur Entwicklung und Beschreibung der IT-Infrastruktur. Zudem ermöglicht das Bebauungsmanagement den ständigen Abgleich des Ist-Zustands mit dem Soll-Zustand. Dadurch wird eine langfristige, durchgängige Planung und Steuerung ermöglicht. (Thiele, 2005, S. 14)

Bebauungsmanagement kann in die fachliche Bebauung, die Informationssystem-Bebauung und die technische und Infrastruktur-Bebauung aufgeteilt werden (Schwarzer, 2009, S. 25):

- Die **Fachliche Bebauung** beschäftigt sich mit der Geschäfts- und Prozessarchitektur und beantwortet Fragen wie „welche Prozesse laufen in welchen organisatorischen Einheiten?" oder „welche Funktionen und Daten benötigen unsere Prozesse?"
- Die **Informationssystem-Bebauung** beschäftigt sich mit der Integrations- und Softwarearchitektur und beantwortet Fragen wie „welche Anwendungssysteme unterstützen welche Prozesse?" oder „wie sind die Applikationen zu bewerten?"
- Die **Technische und Infrastruktur-Bebauung** beschäftigt sich mit der IT-Architektur und beantwortet Fragen wie „sind alle Systeme standardkonform?" oder „welche Technologien sollte das RZ anbieten?"

Beim Bebauungsmanagement wird über abstrakte Objekte gesprochen. Daher sollten Mehrdeutigkeiten oder Ungenauigkeiten unbedingt vermieden werden, um ein gemeinsames Verständnis zu ermöglichen und Fehler zu vermeiden. Das kann realisiert werden, indem sichergestellt wird, dass die verwendeten Begriffe allen Beteiligten geläufig sind. Dabei ist zu beachten, dass es zum einen Begrifflichkeiten gibt, die in diesem Zusammenhang allgemeingültig sind und zum anderen welche, die innerhalb eines Unternehmens, einer Abteilung oder sogar nur innerhalb eines Projekts verwendet werden. Diese müssen vor Einführung des Bebauungsmanagements dokumentiert und allen Beteiligten bereitgestellt werden. Um diese Aufgabe zu erfüllen bieten sich die umfassende Bereitstellung von Informationen und die Kommunikation zwischen den Beteiligten an. (Dern, 2006, S. 3; The Open Group, 2003, S. 29; Hanschke, 2009, S. 114) Bebauungsmanagement hat sehr viel mit Kommunikation zu tun und daher sind Soft Skills wie Kommunikations- und Verhandlungsgeschick für alle Beteiligten sehr wichtig.

Neben den spezifischen Begrifflichkeiten müssen die Beteiligten grundlegende Kenntnisse über die Organisation des Unternehmens vermittelt bekommen und die Bedeutung von Aufbau- und Ablauforganisation verstehen. Die Aufbauorganisation beschreibt die grundlegenden Strukturen. Über Organisationseinheiten wie Stellen, Instanzen, Arbeitsplätze und Abteilungen werden Zugehörigkeiten und Abhängigkeiten dargestellt. (Schultz, 2003, S. 41f.)

Für das Bebauungsmanagement ist es wichtig zu wissen an welcher Stelle im Unternehmen was passiert, wer welche Verantwortlichkeiten hat und wie die Kommunikationsstrukturen verlaufen. Anlaufstellen bei Fragen oder Problemen müssen bekannt bzw. auffindbar sein. Zudem müssen die Beteiligten wissen wer im Unternehmen für welche Anwendungen und Entscheidungen zuständig ist. Diese Informationen lassen sich in Form von Organigrammen, Kontaktlisten oder auch Stellenbeschreibungen abbilden.

Die Ablauforganisation, auch Prozessorganisation genannt, stellt die Prozesse des Unternehmens dar. Ein Prozess oder auch Geschäftsprozess ist „eine Abfolge von logisch zusammenhängenden Aktivitäten oder Teilprozessen, die für das Unternehmen einen Beitrag zur Wertschöpfung leistet, einen definierten Anfang und ein definiertes Ende hat, in der Regel wiederholt durchgeführt wird und sich in der Regel am Kunden orientiert." (Hanschke, 2009, S. 73)

Die Ablauforganisation bildet die konkreten Aktivitäten eines Geschäftsprozesses mit der Zuordnung zu den Prozessbeteiligten ab. Die damit verbundenen Informationen müssen den Beteiligten bereit gestellt werden, dazu gehören nicht nur die Funktionen und Verantwortlichkeiten, sondern auch die Produkte, die durch den Geschäftsprozesse entstehen und in Form von Daten oder Belegen vorliegen. (Hansen & Neumann, 2005, S. 235ff.)

2.2.2 Vorgehensweise im Bebauungsmanagement

Die Vorgehensweise im Bebauungsmanagement kann in drei Schritte gegliedert werden. Der erste Schritt umfasst die Aufnahme und Dokumentation der Ist-Bebauung sowie deren Analyse. Die Ist-Bebauung stellt die aktuelle Situation in Bezug auf die Informationssysteme und Geschäftsprozesse dar. Dadurch soll für alle Beteiligte Transparenz über die Systeme und Prozesse geschaffen werden. In der Analyse können Schwachstellen und Risiken identifiziert und Handlungsbedarfe abgeleitet werden.

Ausgehend von diesen Erkenntnissen und unter Berücksichtigung der zukünftigen Anforderungen der Fachbereiche wird im zweiten Schritt die Soll-Bebauung (Ziel-Architektur) konzipiert Die Soll-Bebauung stellt den angestrebten Ziel-Zustand zu einem bestimmten Zeitpunkt dar.

Abb. 4: Schritte des EAM (vereinfacht)
Quelle: In Anlehnung an Broderick (2008)

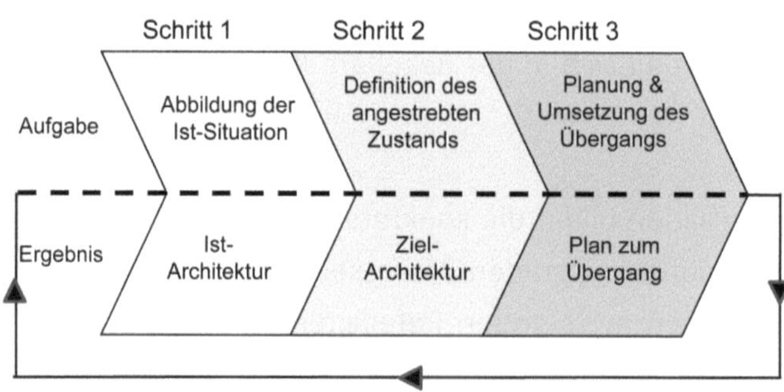

Im nächsten Schritt werden konkrete Maßnahmen zur Umsetzung, so genannte Plan-Architekturen (auch als Roadmaps zur Umsetzung bezeichnet) abgeleitet. Diese dienen dann als Grundlage für die Auswahl und Durchführung von Projekten zur (langfristigen) Umsetzung der Zielarchitektur.

Aufgrund des volatilen Umfelds müssen Ist- und Soll-Bebauung der Architektur kontinuierlich an die neuen Gegebenheiten angepasst werden, um auch zukünftig Nutzen zu stiften, d.h. die drei beschriebenen Schritte müssen immer von Neuem durchlaufen werden. Neue geschäftliche Anforderungen wirken sich nicht nur auf die langfristig angestrebte Zielarchitektur aus, sondern insbesondere auch auf die geplanten bzw. in der Umsetzung befindlichen Plan-Architekturen.

Bei der Betrachtung der Ist-, Plan- und Soll-Architekturen ist es wichtig, den Lebenszyklus der Anwendungen zu berücksichtigen, denn daraus entstehen unterschiedliche Handlungsbedarfe. Der Lebenszyklus einer Anwendung beginnt mit deren ‚Einführung' und geht über die ‚Entwicklung', den ‚Roll out', die mögliche ‚Erweiterung' bis hin zur ‚Abschaltung'. Es muss bei der Betrachtung stets der aktuelle bzw. künftige Stand des Lebenszyklus der Anwendung beachtet werden. (Dunger, 2008, S. 42f.)

Die Darstellung der verschiedenen Stadien der Architektur erfolgt in der Regel anhand von Karten oder Plänen. Auf unterschiedliche Darstellungsmöglichkeiten wird im folgenden Kapitel eingegangen.

2.2.3 Softwarekartographie

Unter Softwarekartographie versteht man die Technik Informationen zu visualisieren, die einen Bezug zur Anwendungslandschaft haben (Matthes,

2009). Softwarekarten werden verwendet, um komplexe Anwendungslandschaften systematisch darzustellen. Sie sollen helfen, die Beschreibung, Be-
wertung und Gestaltung der Anwendungslandschaft zu optimieren.

Im Rahmen des Bebauungsmanagements geht es darum, das Zusammen-
spiel von Informationssystemen, Geschäftsprozessen und Projekten abzubilden. Softwarekarten visualisieren die Beziehungen zwischen verschiedenen
Informationssystemen in der Anwendungslandschaft. Eine Softwarekarte
besteht aus verschiedenen Schichten, die zur Detaillierung oder Übersicht-
lichkeit der Karte, die ein- oder ausgeblendet werden können (Zoom-
In/Out), um für eine bestimmte Sicht bzw. einen Anwendungsfall die ideale
Karte zu erhalten. (Wittenburg et al., 2005, S. 1448f.; Matthes, 2009;
Riempp & Strahringer, 2008, S. 115f.)

Beispiele für die im IT-Bebauungsmanagement verwendeten Karten sind die
Clusterkarte, die Prozessunterstützungskarte und die Intervallkarte. Diese
werden im Folgenden beschrieben und sollen als Beispiele für die grafische
Darstellung von Prozessen und der Organisation von diversen Objekten dienen.

Bei der **Clusterkarte** werden verschiedene Objekte zu logischen Einheiten
zusammengestellt bspw. Funktionsbereiche, Organisationseinheiten oder
auch Standorte. Diese werden als Kartengrund verwendet. Der Kartengrund
legt die Sichtweise bzw. die Botschaft der Karte fest. (Wittenburg et al.,
2005, S. 1450f.) Sinnvolle Anwendungen der Clusterkarte wären z.B. die
Darstellung von Applikationen in Abhängigkeit von Organisationseinheiten,
Geschäftsprozessen oder Projekten. Diese Darstellung kann durch Zusatzin-

formationen wie Stati, Konformität, etc. ergänzt werden. (Dunger, 2008, S. 30) Ein Beispiel für eine Clusterkarte wird in Abbildung 5 dargestellt.

Abb. 5: Clusterkarte
Quelle: Eigene Darstellung in Anlehnung an Dunger (2008, S. 31)

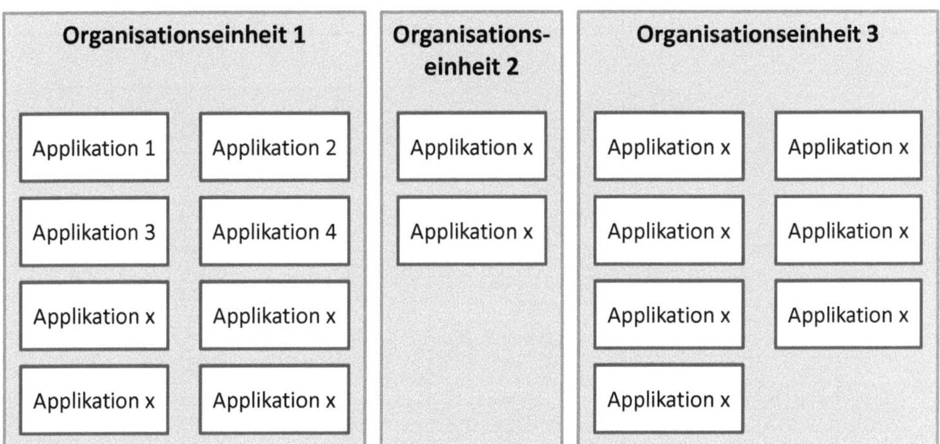

Die vorangegangene Abbildung zeigt die verschiedenen Anwendungen pro Organisationseinheit an. Ein System kann zu mehreren in der Clusterkarte angezeigten logischen Einheiten gehören, dieses wird dann mehrmals dargestellt. (Wittenburg et al., 2005, S. 1451)

Mit Hilfe der **Prozessunterstützungskarte** kann ein direkter Bezug zwischen Applikationen und Geschäftsprozessen bzw. Organisationseinheiten hergestellt werden. Dabei ist eine horizontale Integration über verschiedene Prozesse sowie eine vertikale Integration über verschiedene Organisationseinheiten hinweg, wie in Abbildung 6 dargestellt, möglich. (Dunger, 2008, S. 28)

„Prozessunterstützungskarten sind besonders hilfreich, um Potentiale für vertikale und horizontale Integration in gewachsenen Anwendungslandschaften zu identifizieren." (Matthes, 2009) Nachfolgend wird ein Beispiel für eine Prozessunterstützungskarte gegeben.

Abb. 6: Prozessunterstützungskarte
Quelle: Eigene Darstellung in Anlehnung an Dunger (2008, S. 30)

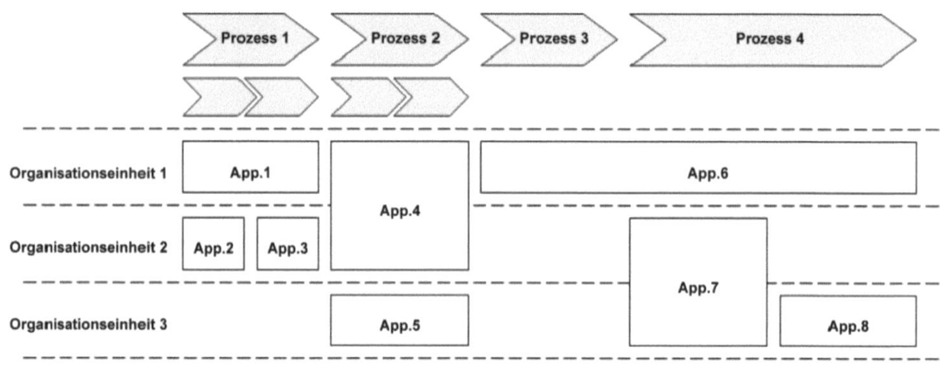

Mit Prozessunterstützungskarten kann die Ist-, Plan- und Soll-Bebauung abgebildet werden, dies ist über verschiedene farbliche Kennzeichnungen möglich. Meist wird die x-Achse mit dem betrachteten Prozess belegt, die y-Achse kann bspw. Geschäftseinheiten, Zeiten oder Systemtypen aufzeigen. (Wittenburg et al., 2005, S. 1452f.)

Bei der Intervallkarte tritt der Faktor Zeit in den Vordergrund und wird auf der x-Achse dargestellt. Die y-Achse hingegen stellt verschiedene Applikationen dar und kann durch Versionsinformationen ergänzt werden.

(Wittenburg et al., 2005, S. 1454f.) Eine Intervallkarte wird in Abbildung 7 dargestellt.

Abb. 7: Intervallkarte
Quelle: Eigene Darstellung in Anlehnung an Dunger (2008, S. 32)

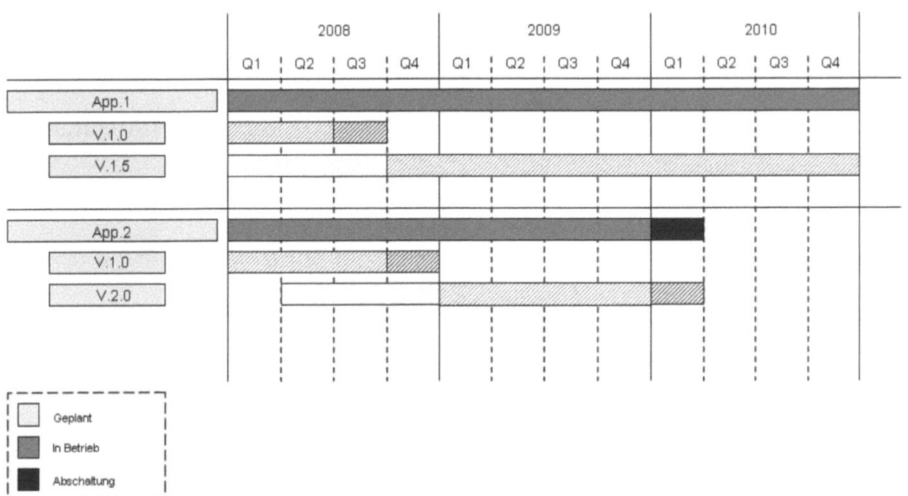

Die grafische Darstellung kann durch Softwarewerkzeuge unterstützt werden. (Wittenburg et al., 2005, S. 1443) Zum einen können das Werkzeuge sein, die nicht Repository-gestützt sind, also Werkzeuge zur Visualisierung in Form von Microsoft PowerPoint oder Visio, zum anderen können es Repository-gestützte Werkzeuge sein, welche die Informationen über Prozesse und Systeme aus einem Repository bereitstellen können. (Wittenburg et al., 2005, S. 1457f.) Beispiele für Repository-gestützte Werkzeuge sind der Corporate Modeler von Casewise oder das ARIS Toolset von IDS Scheer. Auch die spezialisierten EAM-Werkzeuge (vgl. Kapitel 2.2.5) bieten grafische Darstellungsmöglichkeiten an, die häufig mit verschiedenen Analysen kombiniert werden können. Auf verschiedene Analyseansätze wird im nächsten Kapitel eingegangen.

2.2.4 Analysemöglichkeiten im Bebauungsmanagement

Das Bebauungsmanagement bewertet Anwendungslandschaften und Anwendungen um abzuleiten, was zukünftig geschehen soll. Dazu ist es nötig, diverse Analysen durchzuführen, denn nur Unterzuhilfenahme verschiedener Analysen kann aus der Ist-Architektur die Soll, bzw. Plan-Architektur abgeleitet werden.

Im Folgenden werden beispielhaft verschiedene Analysemöglichkeiten skizziert:

Analyse der Abhängigkeiten: Untersuchung der Abhängigkeiten innerhalb einer Architektur, z.B. Abhängigkeiten zwischen Applikationen innerhalb der Anwendungsarchitektur oder Untersuchung der Abhängigkeiten zwischen unterschiedlichen Architekturen, z.B. die Abhängigkeiten zwischen der Anwendungs-Architektur und der Software-Architektur. Die konkrete Darstellung davon kann in Form eines Reports oder in graphischer Form in einer Karte abgebildet sein. (Niemann, 2005, S. 131)

Analyse der Abdeckung: Hierbei geht es darum, Redundanzen und Lücken in der Anwendungslandschaft aufzudecken. Unter Redundanzen versteht man die mehrfache Unterstützung von Prozessen durch verschiedene Systeme. Lücken sind Prozessabschnitte, die nicht systemtechnisch unterstützt werden. Im Rahmen der Abdeckungsanalyse muss geprüft werden ob die Lücken und Redundanzen eine Daseinsberechtigung haben oder ob sie Prozesse behindern oder zu erhöhtem finanziellem Aufwand führen. Auf Grundlage dieser Analyse wird entschieden, ob Redundanzen bzw. Lücken bestehen bleiben und ob es zu Konsolidierungen oder Abschaltungen bzw. Systemneueinführungen kommt. Daraus können mehrere Plan-Szenarien entworfen werden. (Niemann, 2005, S. 131ff.)

Schnittstellenanalyse: Bei der Schnittstellenanalyse wird die Anzahl der Schnittstellen zwischen den Anwendungssystemen aufgenommen, sowie die Anforderungen an diese in Bezug auf Verfügbarkeit und Änderungen. Sind die Anzahl der Schnittstellen und die Anforderungen hoch, besteht ein ernsthafter Handlungsbedarf, diese zu minimieren. Das kann durch eine Konsolidierung von Schnittstellen und Systemen erfolgen oder durch das Abschalten obsoleter Systeme. (Niemann, 2005, S. 134f.)

Heterogenitätsanalyse: Bei der Analyse der Heterogenität wird die Anzahl unterschiedlicher Elemente in einer Landschaft betrachtet. Diese Analyse kann für die Infrastruktur durchgeführt werden, indem z.B. die Anzahl unterschiedlicher Komponenten von verschiedenen Herstellern untersucht wird oder welche Services durch mehrere Infrastrukturkomponenten erbracht werden. Dabei kann die Frage geklärt werden ob und warum z.B. mehrere Datenbanksysteme betrieben werden. (Niemann, 2005, S. 135ff.). In Bezug auf die Anwendungslandschaft kann z.B. die Anzahl der Systeme verschiedener Softwarehersteller erfasst und analysiert werden. Zudem kann analysiert werden, wie viele unterschiedliche Entwicklungslinien pro System verwendet werden, um zu prüfen ob alle diese tatsächlich relevant sind, willkürlich entwickelt wurden oder durch Eitelkeiten entstanden sind. Da jede zusätzliche Entwicklungslinie hemmt, müssen auf Basis der bestehenden Szenarien Plan-Szenarien entwickelt werden um den Grad der Heterogenität zu vermindern. (Niemann, 2005, S. 135ff.) Um ein vollständiges Bild zu vermitteln, sollte die Heterogenitätsanalyse auch auf der Geschäftsarchitektur, den Anforderungen und dem Anwendungsportfolio aufsetzen. (Niemann, 2005, S. 135ff.)

Komplexitätsanalyse: Bei der Komplexitätsanalyse wird die Komplexität der Softwaresysteme und der Anwendungslandschaft durch mathematische Formeln belegt. Da die Zahl der Benchmarks und branchenabhängigen Richtwerte gering ist eignet sich dieses Verfahren vorerst nur für die Messung des Fortschritts innerhalb des Architekturmanagements. Diese Form der Analyse wird in Zukunft jedoch an Relevanz zulegen. (Niemann, 2005, S. 140)

Konformitätsanalyse: Bei der Konformitätsanalyse geht es darum, die Einhaltung des gewählten EAM Kurses zu überprüfen und Handlungsbedarfe bei Abweichungen zu identifizieren. Die Konformitätsanalyse untersucht z.B. Abweichungen zwischen Referenzarchitektur und Anwendungslandschaft oder zwischen den vorhandenen und den als Standards definierten Infrastrukturkomponenten. Bei der Konformitätsanalyse kann zudem überwacht werden, ob die operative Umsetzung der strategischen Planung entspricht, also ob die Anwendungssysteme konform zur Referenzarchitektur sind oder ob genehmigte Entwicklungsverfahren verwendet werden.

Kostenanalyse: Die Kostenanalyse umfasst die Betrachtung aller Kosten einer Software von der Beschaffung über die Wartung und den Vertrieb, gesondert nach Sach- oder Personalkosten. Kumulierte Kosten können ebenfalls dargestellt werden. Um diese Informationen bereitstellen zu können ist u.U. eine Vernetzung der verschiedenen Architekturebenen nötig. (Niemann, 2005, S. 144ff.)

Nutzenanalyse: Der Nutzen kann auf verschiedenen Ebenen betrachtet werden. Das reicht von der betriebswirtschaftlichen Sichtweise über die methodische bis hin zur ablauforganisatorischen Sicht in Bezug auf den Nutzen. (Niemann, 2005, S. 146ff.)

2.2.5 EAM-Werkzeuge

Um die Bebauungspläne dauerhaft aktuell zu halten bietet es sich an, entsprechende Werkzeuge zu nutzen. Mit Hilfe eines EAM-Werkzeugs können Daten systematisch erfasst und einfach verändert bzw. ergänzt werden. Durch die Pflege aller Daten innerhalb eines Systems wird ein einheitliches Vokabular unterstützt und eine einheitliche Darstellung gewährleistet.

Eine Reihe von Gründen sprechen für die Verwendung von EA Tools (Lankhorst et al., 2005, S. 249f.):

- Die Verwendung von Tools unterstützt die Standardisierung der Semantik und der Notation des Architekturmodells. Wenn die Einführung des Tools mit fundierten, flächendeckenden Trainingsmaßnahmen flankiert wird, stellt dieses einen großen Schritt in Richtung einer Standardisierung dar.

- Tools können die Entwicklung korrekter und konsistenter Modelle durch automatische Prüfungen und die Anwendung definierter Architekturprinzipien unterstützen.

- Tools können die Verwendung von Architekturmustern und die Wiederverwendung von Komponenten und/oder bereits im Unternehmen vorhandener Lösungen unterstützen.

- Tools können komplexe Analysen wie z.B. den Vergleich von Alternativen sowie quantitative Analysen der Modelle unterstützen.

- Tools können die Konsistenz der EA über alle Sichten und Ebenen sichern.

Entscheidend ist jedoch die Auswahl des „richtigen" Tools, denn auf dem Markt gibt es verschiedene Toolanbieter, die von sich behaupten Enterprise Architecture Tools anzubieten, aber häufig nur einen Teilbereich des ganzen Themas abdecken. Viele dieser Tools sind aus Modellierungswerkzeugen für unterschiedliche Zwecke entstanden (James & Handler, 2007). So finden sich auf der einen Seite Tools, die aus Geschäftsprozessmanagement-Werkzeugen entstanden sind und deren Fokus auf der Dokumentation der Geschäftsprozesse liegt. Auf der anderen Seite finden sich Werkzeuge für Softwaredesign und -entwicklung sowie Tools, die das IT-Management unterstützen sollen wie z.B. Portfolio-Management-Werkzeuge. Als weitere Kategorie können Repositories angeführt werden, die die Abbildung und Speicherung großer Datenbestände ermöglichen.

Damit die Mitarbeiter diese Tools einsetzen können, müssen sie die zugrundliegenden Konzepte und den Umgang mit den Tools beherrschen.

3 E-Learning

Das Thema E-Learning ist nicht so leicht zu greifen, da es technischen Neuerungen und dem Wandel der Nutzung elektronischer Geräte unterworfen ist. Das bedeutet, dass E-Learning sich stets im Wandel befindet. Aus diesem Grund wird im folgenden Abschnitt zuerst ein knapper Überblick über das Lernen an sich gegeben, danach folgt eine Einordnung des E-Learning für das Verständnis dieses Buchs. Es werden verschiedene aktuelle Techniken beschrieben, mit denen das E-Learning umgesetzt werden kann. Dann werden unterschiedliche Lernsituationen betrachtet, die bei der Wahl eines Mediums berücksichtigt werden müssen. Abschließend wird anhand von Studien untersucht welche Lerninhalte sich überhaupt für E-Learning eignen.

3.1 Grundlagen des E-Learning

Zum Einstieg in das Thema Lernen werden zunächst die Lernformen beschrieben, die in der westlichen Welt üblicherweise chronologisch durchlaufen werden, wenn ein Mensch im Laufe seines Lebens lernt (vgl. Abbildung 8).

In unseren Breitengraden wird ein junger Mensch zuerst mit dem Lehrvortrag in Berührung kommen. Der **Lehrvortrag** ist die klassischste Methode des Lernens. Dabei handelt es sich um eine 1:n-Kommunikation: Der Lehrende kommuniziert mit einem bis mehreren Lernenden. Der Lehrende kann hierbei Medien wie z.B. einen Beamer nutzen. Beim Lehrvortrag kann dem Lernenden, ohne Vorkenntnisse, ein größerer Themenbereich nahe gebracht werden. Zudem besteht die Möglichkeit der Interaktion zwischen Lehrendem und Lernendem und die sofortige Kontrolle des übermittelten Inhalts. Eine große Anzahl an Lernenden hemmt jedoch die Flexibilität dieser Methode. Der Lehrvortrag unterstützt die Übermittlung von kognitiven Lernzielen, also Methodenkompetenz und Fachkompetenz. (Högsdal, 2004, S. 83f.) Der Lehrvortrag wird später ergänzt durch die Gruppenarbeit.

Merkmale der **Gruppenarbeit** sind die Zielerreichung unter kompetenter Anleitung, der Erfahrungsaustausch und die gemeinsame Ideenfindung und Problemlösung. Dabei sind die Lernenden die Träger des Lernprozesses. Der Koordinator der Gruppenarbeit vermittelt explizit kein Wissen. Die Handlungsorientierung steht bei dieser Form des Lernens im Vordergrund. Die Vermittlung von Problemlösungs- und Sozialkompetenz wird hier vorangetrieben. Die Anzahl der Gruppenteilnehmer ist jedoch begrenzt, bei mehr als zwölf Teilnehmern ist das Lernen in der Gruppe nicht mehr effektiv. (Högsdal, 2004, S. 85f.)

Um sich chronologisch an der Entwicklung eines Lernenden zu orientieren muss nun das **Selbststudium** genannt werden, das dem Lernenden nach der Gruppenarbeit begegnen wird. Dabei handelt es sich um ein selbstmotiviertes und selbstgesteuertes Lernen, das sich für die Aneignung von Faktenwissen gut eignet, sowie die Selbständigkeit und Eigenverantwortung fördert. Bei dieser Lernform entsteht eine optimale Individualisierung durch die Unabhängigkeit von Ort und Zeit, durch das selbstbestimmte Lerntempo und die Wiederholbarkeit der Inhalte. Dafür müssen jedoch klare Ziele definiert werden. Die Isolation des Lernenden kann zu Frustration oder Abbruch führen. (Högsdal, 2004, S. 86f.)

Lernen kann nicht nur über die klassischen Methoden umgesetzt werden sondern kann auch elektronisch unterstützt sein. In diesem Fall spricht man von **E-Learning**. Für den Begriff E-Learning gibt es keine eindeutige Schreibweise. So finden sich in der Literatur beispielsweise die Schreibweisen E-Learning, eLearning, oder e-Learning. In der deutschsprachigen Literatur wird überwiegend E-Learning verwendet. Aus diesem Grund wird diese Schreibweise im Folgenden angewendet.

Ebenso wie es bei der Schreibweise keine eindeutige Form gibt, kann auch der Begriff an sich nicht eindeutig definiert werden. Seine Wurzeln liegen in der Praxis und der Begriff beschreibt ganz verschiedene Dienstleistungen mit sehr unterschiedlichen Ausprägungen (Minass, 2002, S. 23). Zudem wird nirgendwo einheitlich festgelegt wie eng oder wie weit der Begriff E-Learning gefasst werden muss und die ständige technische Innovation führt dabei zu ständig neuen Einflüssen und Umsetzungsmöglichkeiten.

Beim E-Learning geht es zum einen um das Lernen an sich, zum anderen um die elektronische Unterstützung des Lernens. (Reinmann-Rothmeier, 2003, S. 31; Wortmann, 2007, S. 21). Dabei kann E-Learning nicht mehr alleine auf das Lernen mit dem Computer reduziert werden. Heute werden auch andere Endgeräte wie bspw. Mobiltelefone und PDAs für die Übermittlung von Wissen verwendet. (Wortmann, 2007, S. 21) Um den aktuellen Stand der Technik zu berücksichtigen sollten zudem Tablet PCs wie das iPad genannt werden. Diese könnten die Zukunft der mobilen Wissensvermittlung darstellen.

Als E-Learning im engeren Sinne kann das reine computergestützte Lernen bezeichnet werden. (Tiemeyer, 2004, S. 2; Johann Wolfgang Goethe-Universität, 2009) Im weiteren Sinne bezeichnet es auch das elektronisch gestützte Lernen vom Telelernen aus den 80er Jahren über das klassische computergestützte Lernen bis hin zum Lernen mit den neuen Techniken des Web 2.0.

Nachfolgend werden einige Definitionen für E-Learning betrachtet. Den Anfang machen Laudon et al., um von Seiten der Wirtschaftsinformatik einen Blick auf das Thema zu werfen:

„Unter E-Learning versteht man diejenigen Prozesse des Lehrens und Lernens, zu deren Unterstützung Informations- und Kommunikationstechnik, insbesondere das Internet bzw. das World Wide Web und/oder Intranets genutzt werden." (2006, S. 297)

In dieser Definition wird E-Learning als technische Unterstützung des Lernens mit digitalen Medien angesehen. Ähnlich argumentiert Minass, der in seinem Buch ‚Dimensionen des E-Learning' folgende Definition zu Grunde legt:

„E-Learning sind Systeme, die zeit- und ortsunabhängig Lernin-halte mittels digitaler Medien an Gruppen und Individuen vermit-teln." (2002, S. 27)

Beide aufgeführten Definitionen berücksichtigen somit weder die Didaktik des Lernens, noch die Gestaltung der einzelnen Medien. Jedoch erläutert Minass weiter:

E-Learning ist „interaktiv und unterstützt jeden Kommunikations-kanal, im Vergleich zum klassischen Unterricht ist es zeit- und ortsunabhängig und bietet verschiedene medial aufbereitete Ma-terialien an" (2002, S. 29).

E-Learning unterstützt somit den Austausch zwischen den Teilnehmern am elektronischen Lernen. Außerdem wird hier ein Hinweis auf die Möglichkeiten der Mediengestaltung gegeben.

Bei der Umsetzung des E-Learnings geht es nicht nur um die Gestaltung der Medien sondern insbesondere um die inhaltliche Aufbereitung. Hier müssen also methodische und didaktische Ziele verfolgt werden. Dabei ist es wichtig, nicht nur bekannte Umsetzungsmöglichkeiten zu imitieren, sondern den Zusatznutzen der einzelnen Umsetzungsmöglichkeiten herauszustellen. Diesem kann jeweils eine eigene Lehr- und Lernkultur zu Grunde liegen. (Johann Wolfgang Goethe-Universität, 2009; Severing et al., 2001, S. 9) Das bestätigen auch Kerres et al.:

„Die Qualität eines Lernangebotes entsteht nicht durch das Internet selbst und auch nicht durch eine mehr oder weniger selbst- oder fremdgesteuerte Anlage der Anwendung. Sie entsteht vielmehr durch die richtige Passung des Lernangebotes zur Lernsituation." (2008, S. 1)

Keller betrachtet das ähnlich und findet:

„Die Vorteile des E-Learning sind die „zeitliche und örtliche Unabhängigkeit, [die] inhaltliche und methodische Aktualität, [ein] wirtschaftlicher und schneller Einsatz für unterschiedliche Zielgruppen, Vernetzung von Personen und Organisationen, [sowie die] unproblematische Kommunikation" (2008, S. 12).

Daraus leitet Keller ab, dass die pädagogischen Prinzipien und didaktischen Strategien noch mehr als die Technik den Lernerfolg beeinflussen. Daher sollten verschiedene Szenarien betrachtet und in diese dann zielorientiert in Techniken des E-Learning eingebunden werden. (Keller, 2008, S. 12f.)

Aus diesen teilweise ganz unterschiedlichen Erklärungen zu E-Learning lassen sich die für das Verständnis des Buchs wichtigen Aspekte ableiten. Zu berücksichtigen sind:

- Die Zielgruppe: Es muss geklärt sein, wer die Lernenden sind und welche Vorkenntnisse, Motivation, Erfahrungen sie mit dem Thema und unterschiedlichen Lernangeboten haben.
- Die Lernsituation, in der sich der Lernende befindet,
- Die Fertigkeiten des Lernenden im Umgang mit der Technik,
- die technische Ausprägung des E-Learning,
- die Berücksichtigung der Didaktik,
- sowie die Gestaltung der beim E-Learning eingesetzten Medien.

Beim E-Learning können der Lernort, die Lernzeit, sowie die Lerndauer, der Lernweg und der Inhalt flexibel gestaltet werden. Es besteht die Möglichkeit das Verständnis für Lerngegenstände durch Visualisierungen oder Animationen zu unterstützen. Weiterhin können den Lernenden umfangreiche Wissensbasen bereitgestellt werden. Durch die attraktive Gestaltung der Lerneinheiten mittels Multimediapräsentationen oder die spielerische Aufbereitung von Lernszenarien kann die Motivation der Lernenden gesteigert werden. Die neuen Kommunikationsmöglichkeiten über das Internet ermöglichen teamorientiertes Lernen. Zudem können die bestehenden Lerninhalte einfach und schnell geändert, erweitert und wiederverwendet werden. (Wortmann, 2007, S. 61)

Der Lerner hat unter gewissen didaktischen Gestaltungsmaßnahmen die Möglichkeit sein Lerntempo selbst zu bestimmen. Weiterhin ist der Lernende im E-Learning eher vor einer Bloßstellung geschützt, somit wird es ihm ermöglicht leichter zu partizipieren. Die monetäre Seite darf hier nicht vernachlässigt werden. Sicherlich entstehen beim E-Learning Einsparungen im Gegensatz zu den Präsenzveranstaltungen, z.B. für Reisekosten, Seminargebühren, Material und Lehrenden. Zudem fällt der Mitarbeiter bei E-Learning nur für kurze Zeiten am Arbeitsplatz aus. (Wortmann, 2007, S. 62)

Jedoch ist das E-Learning für manche Inhalte ungeeignet. Soft Skills, wie z.B. Verhandlungsgeschick oder der richtige Umgang mit Kunden kann schlecht elektronisch übermittelt und angeeignet werden, da hier die reale Interaktion zwischen Menschen im Vordergrund steht. Durch eine schlechte didaktische Aufbereitung und unzureichende Interaktionsmöglichkeiten kommt es bei E-Learning oft zum vorzeitigen Abbrechen der Lerneinheiten. Die Quote liegt hoch, bei ca. 80%. (Wortmann, 2007, S. 62)

Kaltenbaek meint „E-Learning stellt [...] durch die enge Verbindung mit dem Konzept der Eigenverantwortung für den Lernprozess sehr wohl hohe Ansprüche an die Motivation, die Disziplin und die Methodenkompetenz der Lernenden." (2003, S. 15) Dadurch wird deutlich, dass ohne den Lernwillen des Lernenden auch kein Lernerfolg erzielt werden kann. An dieser Stelle muss auf die Grundlagen der Motivationstheorie verwiesen werden.

Jedoch kann der Fall eintreten, dass der Lernende nicht von sich selbst heraus motiviert ist. Dann muss der Lernende von außen, d.h. extrinsisch, motiviert werden. Dieser externe Druck kann von der Arbeitsplatzsicherung bis zum Karriereschub reichen. Oder im Bezug auf das E-Learning auch in Form von Anerkennung oder Zertifikaten. Dabei muss jedoch stets der Lernerfolg überprüft werden. (Högsdal, 2004, S. 67)

Außerdem müssen die organisatorischen Rahmenbedingungen betrachtet werden. Der Mitarbeiter darf sein Lernen nicht als Last empfinden. Er darf nicht das Gefühl haben, dass seine Weiterbildung zu Kosten bzw. Fehlzeiten führt. (Högsdal, 2004, S. 69) „Weiterbildung muss als Belohnung und als Wertschöpfung des Lernenden empfunden [...] und darf nicht als Mittel zur Defizitbeseitigung verstanden werden." (Högsdal, 2004, S. 69)

Unterforderung langweilt den Lernenden und Überforderung führt zu Stress und Angstgefühlen. Beides hemmt die Motivation des Lernenden. Es muss eine Balance zwischen diesen beiden Extremen gefunden werden.

Die technischen Grundvoraussetzungen für E-Learning dürfen nicht fehlen (Högsdal, 2004, S. 69f.). Erst wenn der Lernende die Lernumgebung effektiv nutzen kann wird er dies auch tun. Denn ist bspw. die Bereitstellung der

Lerninhalte stark zeitverzögert, wird die Motivation und Bereitschaft zu lernen rasch sinken. Es ist festzustellen, dass die Motivation den Lerninhalt zu erfassen, gegeben sein muss, ebenso die organisatorischen und technischen Rahmenbedingungen, um E-Learning erfolgreich umzusetzen.

In den folgenden Abschnitten werden die technischen Umsetzungsmöglichkeiten des E-Learning betrachtet, danach die unterschiedlichen Lernsituationen in denen sich ein Lernender befinden kann. Abschließend wird darauf eingegangen, welche Inhalte sich mittels E-Learning vermitteln lassen und ein kurzes Resümee gezogen.

3.2 Technische Umsetzung des E-Learning

Nachfolgend werden verschiedene Techniken beschrieben, mit denen E-Learning realisiert werden kann. Dabei wird jeweils auf die technische Umsetzung sowie auf Vorteile, Nachteile bzw. Besonderheiten der Technik eingegangen. Als Techniken werden web- und computergestützte Trainings, sowie gemeinsames, computergestütztes Lernen und Arbeiten betrachtet. Es wird ein Blick auf das E-Teaching geworfen und die verschiedenen Stufen von Simulationen dargestellt. Daneben werden auch Lernportale und das M-Learning angesprochen. Zudem bleibt das das E-Learning 2.0 zu nennen, dieses beinhaltet Techniken wie Weblogs, Chats, Foren bzw. Communities, Pod- und Videocasts und Wikis, abschließend wird auf das Blended Learning eingegangen.

Im Bezug auf die einzelnen Realisierungen des E-Learning wird auf den MMB-Trendmonitor II/2010 eingegangen. Diese Studie wurde vom MMB-Institut für Medien- und Kompetenzforschung durchgeführt. Dabei wurden zwischen 52 und 54 Experten aus der Bildungswirtschaft nach der Entwicklung des E-Learning in deutschen Unternehmen befragt. Ähnliche Umfragen wurden bereits in den Vorjahren durchgeführt, daher können Entwicklungen aufgezeigt werden. (MMB-Institut für Medien- und Kompetenzforschung, 2009, S. 9)

3.2.1 WBTs und CBTs

Bei der web- und computergestützten Vermittlung von Wissen wird zwischen WBTs, also web based trainings und CBTs, den computer based trainings, unterschieden.

CBT meint „die Nutzung von Computern zu Lernzwecken [...]. Dies kann sowohl die eigentliche Instruktion wie auch die Steuerung der Lehr- und Lernprozesse beinhalten" (Högsdal, 2004, S. 111). Als Synonyme für CBT gelten CAL für Computer Aided Learning, CAI für Computer Aided Instruction, CUL für Computer-unterstütztes Lernen und CUI für Computer-unterstütze Instruktion. (Wortmann, 2007, S. 38)

Im engeren Sinne ist ein System gemeint, das dem Lernenden Inhalte übermittelt und unterschiedliche Formen der Interaktion bereitstellt, z.B. Fragen oder Feedback. Damit ist nicht die direkte Interaktion mit einem Lehrenden sondern die Interaktion mit dem System gemeint, das auf Bedienfehler des Lernenden eingeht, bei Abfragen ein Feedback bereitstellen kann oder FAQs bietet. CBTs bestehen meist aus einzelnen Modulen und werden über Datenträger verteilt, eine Anbindung an das Internet ist nicht erforderlich. (Högsdal, 2004, S. 111; Wortmann, 2007, S. 38)

Der Nachteil von CBT-Programmen ist, dass sie auf Datenträgern wie CD-ROM oder DVD gespeichert werden und dadurch nur bedingt aktualisiert und betreut werden können. (Wortmann, 2007, S. 38) Der Unterschied zwischen dem WBT und dem CBT begründet sich primär in der Informationsübermittlung. Wird diese nicht über Datenträger sondern das Internet bzw. Intranet realisiert, handelt es sich um ein WBT. Dabei entsteht eine Erweiterung um Kommunikations- und Interaktionsmöglichkeiten über Kanäle wie E-Mail, Chat und Foren. (Högsdal, 2004, S. 111) Durch die Bereitstellung über das Inter- oder Intranet können die WBTs einfacher einer großen Masse an Lernenden zugänglich gemacht werden.

Der Vorteil von WBTs und CBTs ist die „multimediale Aufbereitung der Inhalte[, sie] bietet die Möglichkeit, komplexe Zusammenhänge zu visualisieren und dem Lernenden verständlich zu machen" (Wortmann, 2007, S. 38). Die multimediale Aufbereitung beinhaltet Text, Video-, Audiodateien, Grafiken, Bilder und interaktive Bestandteile. Der Lernende kann durch das Beantworten vorgegebener Fragen ein Feedback zu seinem Lernerfolg erhalten. Dadurch werden die klassischen Funktionen des Unterrichts, also die Präsentation von Inhalten, die Beantwortung von Fragen und die darauf beruhende Erfolgskontrolle, abgedeckt. (Wortmann, 2007, S. 38)

Ein weiterer Vorzug der Nutzung „besteht darin, didaktisch aufbereitete Informationen anzubieten, sodass der Lernende sich (weitestgehend) ohne personelle Hilfe durch die Interaktion mit dem technischen System neue Inhalte erarbeiten kann" (Reinmann-Rothmeier, 2003, S. 32). Zudem kann dieses Erarbeiten selbstgesteuert erfolgen. (Reinmann-Rothmeier, 2003, S. 13; Dittler, 2003, S. 12)

Sinnvoll sind web- bzw. computergestützte Trainings, wenn sie zum Erlernen der Bedienung neuer Software oder als Ergänzung bzw. Auffrischung einer Fremdsprache genutzt werden. (Reinmann-Rothmeier, 2003, S. 32) Klassisch werden CBTs und/oder WBTs so aufgebaut, dass zu Beginn Inhalte präsentiert, zum Erlernten Übungen durchgearbeitet werden und über diese Übungen das Lernen kontrolliert wird. Das kann bspw. in Form von Multiple-Choice-Tests realisiert werden, bei denen der Lernende die richtige Antwort aus mehreren vorgegebenen Antworten selektieren muss. Ein Feedback wird dann vom Programm bereitgestellt.

3.2.2 CSCL und CSCW

Das computergestützte gemeinsame Lernen ist unter dem Begriff CSCL (computer supported cooperative learning) bekannt, CSCW (computer supported collaborative work) meint das gemeinschaftliche, computergestützte Arbeiten. Beides sind konkrete Umsetzungen von Telekooperation, einer Methode die das gemeinsame Aufbauen von Wissen innerhalb einer Gruppe unterstützt. Telekooperationen sind synchron und asynchron möglich. (Högsdal, 2004, S. 139f.) Bei dieser Form des Lernens wird der Lehrende zum Initiator und Moderator bzw. Coach. (Reinmann-Rothmeier, 2003, S. 35) Das primäre „Ziel [...] ist die Zusammenarbeit von Menschen durch den Einsatz von [...] neuen IuK-Technologien zu verbessern" (Kirchmair, 2004, S. 12). Die Zusammenarbeit soll effizienter, flexibler und sozialer gestaltet werden. Bei CSCL und CSCW wird nicht nur eine gemeinsame Plattform bereitgestellt, auf der die Beteiligten bspw. Dokumente austauschen können, sondern auch Techniken wie E-Mail, Chat, Diskussionsforen und Videokonferenzen. (Reinmann-Rothmeier, 2003, S. 14)

Vorteil dieser Art des Lernens ist die hohe „Effektivität bei guter Selbstorganisation oder unter Anleitung/Moderation" (Reinmann-Rothmeier, 2003, S. 14). Zudem werden während der Gruppenarbeit aber auch wichtige soziale Kompetenzen vermittelt, die durch bloße Präsentation und Rezeption, etwa im Vortrag, per Text oder multimedialer Präsentation, nicht erreicht werden können. (Kerres et al., 2004, S. 269). Durch das Miteinander der Lernenden können Erfahrungen und Kenntnisse der Teamfähigkeit, der gemeinsamen Kommunikation, die Kompromissfähigkeit und die Fertigkeiten, die mit der Organisation einer Gruppe zusammenhängen gefördert werden.

Die Vorteile können auch immer Nachteile sein. Es besteht die Möglichkeit, dass langsamere Lerner die schnelleren bremsen oder dass Unterschiede der Wissensbasis nicht zu Bereicherungen sondern zu Missverständnissen bzw. Langweile oder Überforderung führen. Es ist also in der Umsetzung darauf zu achten, dass solche hemmenden Einflüsse vermieden werden.

3.2.3 E-Teaching

Für das E-Teaching können auch die Synonyme ‚virtuelles Klassenzimmer‘, ‚online Seminar‘ oder ‚virtuelles Seminar‘ verwendet werden. „In Reinform ist [E-Teaching] der klassische Frontalunterricht in einem neuen Medium." (Högsdal, 2004, S. 136) Die Teilnehmer sind eher passiv und nehmen die Informationen lediglich auf. Sinnvoll ist diese Variante, wenn Faktenwissen vermittelt werden soll und es schwierig erscheint alle Lernenden zu einem Zeitpunkt an einen Ort zu bringen. (Högsdal, 2004, S. 136; Dittler, 2003, S. 12; Wortmann, 2007, S. 28)

Der Lernende kann synchron und ortsunabhängig an einem gestreamten Seminar teilnehmen. Technisch wird diese Art des Lernens über eine

Client/Server Architektur realisiert, die die reale Lernumgebung über das Internet umsetzt und vom Lehrenden gesteuert werden kann. (Schweizer, 2002, S. 237) Der Seminarleiter präsentiert die Inhalte vor einer Kamera, der Lernende kann diese dann über einen PC oder ein anderes Endgerät zeitgleich abrufen. Zu Bild und Ton können weitere Inhalte wie z.B. Folien oder Visualisierungen übertragen werden. Fragen können sofort oder zeitverzögert vom Seminarleiter beantwortet werden. Die Lehrveranstaltung kann im Nachhinein erneut abgerufen werden, um den Stoff zu wiederholen. (Wortmann, 2007, S. 28ff.) Virtuelle Klassenzimmer ermöglichen einen hohen Grad der Interaktion. Das wird realisiert, indem den Teilnehmern virtuell ein Raum zur Verfügung gestellt wird, in dem sie sich zur Kommunikation treffen können. Dort können sie vom Lehrenden eine gemeinsame Aufgabe gestellt bekommen. (Gamer, 2003, S. 16f.)

Der Vorteil eines virtuellen Seminars liegt darin, die Erfolgsfaktoren von Präsenzseminaren mit den Vorteilen des virtuellen Lernens zu verbinden. Die Teilnehmer haben die Möglichkeit Rückfragen an den Kursleiter zu stellen. Zudem können neue Visualisierungsmöglichkeiten und die synchrone Schulung mehrerer Lernender gewährleistet werden kann.

Experten sprechen im Bezug auf ‚virtuelle Klassenräume' von einer steigenden Relevanz. Laut dem MMB-Institut für Medien- und Kompetenzforschung ist die Relevanz von 66% in 2008 auf 72% in 2009 gestiegen. (MMB-Institut für Medien- und Kompetenzforschung, 2009, S. 2)

3.2.4 Simulationen

Die Lerninhalte werden bei einer Simulation nicht explizit sondern implizit bereitgestellt. Die Informationen, die übermittelt werden sollen, werden nicht abstrahiert sondern realitätsnah dargestellt. Simulationen bilden die Realität zu Testzwecken ab. Diese abgebildete Realität kann dann von den Lernenden beeinflusst werden. Sie können durch Interaktion testen, wie sich ihr Eingreifen auf die geschaffene Realität auswirkt. Hierbei kann durch Fehler gelernt werden, ohne dass Schaden entstehen kann.

Simulationen können in Entscheidungssimulationen und Anwendungssimulationen unterteilt werden. Entscheidungssimulationen werden z.B. bei Unternehmensplanspielen eingesetzt. Dabei geht es um die Verarbeitung von Informationen um in komplexen Situationen Entscheidungen zu treffen. Die Anwendungssimulationen beziehen sich auf technische Systeme. Dabei geht es um das Erlernen von Prozessen, die hier simuliert werden. (Högsdal, 2004, S. 132f.) Dabei wird der Echtzeiteinsatz der zu schulenden Software simuliert (Gassler, 2004, S. 189).

Nach Karrer, Laser und Martin können Simulationen in verschiedene Simulationsabstufungen eingeteilt werden. Screen-Capture bildet dabei die Abstufung bei der der Konstruktionsaufwand und die Nähe zur Realität am geringsten sind. Die Realitätsnähe und der Konstruktionsaufwand werden über Point-and-Click, Data-Input und Multiple-Paths bis hin zur Full-Simulation gesteigert.

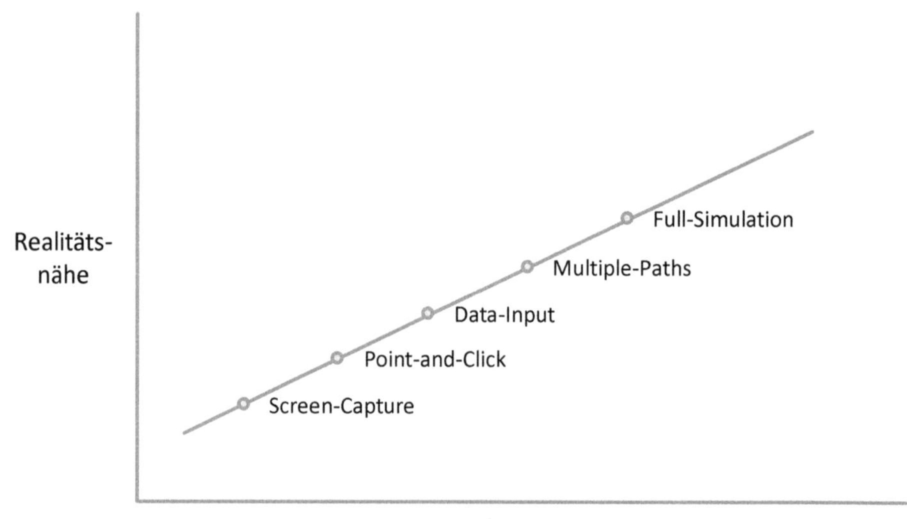

Abb. 9: Verschiedene Stufen der Simulation
Quelle: Eigene Darstellung in Anlehnung an Karrer et al. (o. J.)

Screen-Capture zeigt den Bildschirm während der Bedienung an, durch Audioergänzungen oder das Einblenden von Hinweisen können diese Ansichten ergänzt werden. Dabei kann die Komplexität der beschulten Anwendung hoch sein, da die Aktivitäten des Benutzers auf die Steuerung des Simulationsablaufs beschränkt sind. Point-and-Click zeigt ebenfalls den Ablauf der Anwendung an, stellt dem Lernenden aber auch Hot-Spots bereit, um über diese bei Bedarf weitere Informationen zu erhalten. Die nächste Stufe ist der Data-Input. Hierbei kann der Lernende vorgegebene Eingaben tätigen. Es folgt die Stufe der Multiple-Paths. Hier wird dem Lernenden die Möglichkeit gegeben alle möglichen Wege zu gehen. Da diese Umsetzung sehr komplex ist, wird sie in der Realität selten verwendet. Die letzte Stufe ist die Full-

Simulation. Bei der Full-Simulation werden alle Möglichkeiten der simulierten Anwendung bereitgestellt. Meist wird die Anwendung durch Lern-Wizzards ergänzt. Durch die Komplexität der Bereitstellung der gesamten Software kann es jedoch zu Verwirrungen kommen. (Karrer et al., o. J.)

Die Vorteile der Simulation liegen darin den Ablauf eines Anwendungsprogramms nachzubilden, um ein laufendes System nicht zu beeinflussen. Zudem werden keine komplexeren technischen Ressourcen oder Programmlogiken benötigt. Die simulierte Anwendung kann einfach angepasst und verändert werden und ist zum Aufzeigen von logischen Zusammenhängen in vielen Fällen ausreichend. (Chelvier & Wickborn, 2005, S. 14)

3.2.5 Lernportale

Lernportale bilden den Einstiegspunkt für ein umfangreiches Angebot an Lernmöglichkeiten, dabei werden verschiedene Techniken des E-Learning miteinander verbunden. Ein Lernportal kann diverse CBT, virtuelle Seminare, Simulation oder anderen Formen des E-Learning zugänglich machen und weitere Hilfsmittel bereitstellen. Beispiele für Erweiterungen über die Lerntechniken hinaus ist das Bereitstellen von Funktionalitäten für die Kommunikation zwischen Lernenden untereinander oder zwischen Lernenden und Lehrenden, sowie die Archivierung von Lehrinhalten und Zusatzinformationen. Zudem können Werkzeuge zur Erstellung von Aufgaben und Übungen, Evaluations- und Bewertungshilfen und die Möglichkeit der Administration von Lernenden, Trainern, Inhalten, Kursen, Lernfortschritten, Terminen angeschlossen werden. (Wortmann, 2007, S. 41f.) Sie bilden somit keine eigenständige Technik für das E-Learning, wie es für das Verständnis dieser Arbeit zu Grunde gelegt wird.

3.2.6 M-Learning

Hinter dem Begriff M-Learning verbirgt sich das Lernen auf mobilen Endgeräten, also das Lernen, das ortsunabhängig und vor allem unterwegs möglich ist. Als Präsentationsmedium eignen sich Endgeräte, die kabelunabhän-
gig von einem Strom- bzw. Kommunikationsnetz betrieben werden können
wie beispielsweise Notebooks, Tablet PCs und Smartphones.

Ein Vorteil des M-Learning ist die Ortsunabhängigkeit, die effizientes Lernen
und das Ausnutzen von Leerzeiten ermöglicht. Zudem können Inhalte im
M-Learning immer mit zum ‚Ort des Geschehens' genommen und sich dort
angeeignet werden. (e-teaching.org, 2007) M-Learning ist eine ubiquitäre,
d.h. allgegenwärtige Form des Lernens.

„Lernmodule, die innerhalb weniger Minuten durchgearbeitet werden können, eignen sich [...] für die Nutzung in kurzen Leerlaufzeiten, also beispielsweise in der Straßenbahn oder im Zug." (Meier, 2005, S. 416) Drei Anwen-
dungsbereiche bieten sich besonders für das M-Learning an:

- das zeit- und bedarfsnahe Auffrischen von Gelerntem,
- das Hinzulernen zu bestehendem Handlungswissen im beruflichen
  Umfeld sowie
- das aktive Lernen z.B. an einer Maschine. (Check.point eLearning, o.
  J.)

Für M-Learning müssen die Inhalte anders als für stationäre Endgeräte aufbereitet werden. Auf den kleinen portablen Endgeräten lassen sich schlecht
Drag-and-Drop-Funktionalitäten implementieren, dafür ist die Anwendung
von Multiple-Choice-Interaktionen einfach umzusetzen. (Check.point eLearning, o. J.) Ebenso muss darauf geachtet werden, dass der Speicherplatz auf

den mobilen Geräten sowie die Datenrate, die übertragen werden kann, begrenzt ist.

M-Learning ist keine eigene Disziplin sondern ein Teil des E-Learnings, wie auch das E-Learning wiederum einen Teil des Lernens, als Überbegriff, darstellt. M-Learning kann jedoch ebenso wie das E-Learning als Teil des Blended Learning, umgesetzt werden. (Meier, 2005, S. 408)

3.2.7 E-Learning 2.0

Der Begriff E-Learning 2.0 ist in engem Zusammenhang mit Web 2.0 zu sehen. Unter Web 2.0 werden verschiedene Internet-Anwendungen verstanden, mit denen jeder Nutzer die Möglichkeit hat, Inhalte zu erstellen und auszutauschen. Die Neuerung im Gegensatz zum Web 1.0 ist das selbstständige Erstellen der Inhalte. (Brahm, 2007b, S. 130f.)

Zum E-Learning 2.0 werden Weblogs, Chats, Foren, RSS-Feeds und weitere Social Media Anwendungen gezählt. Das sogenannte „Next Generation Learning", ein anderer Begriff für das E-Learning 2.0, stellt eine Umgebung bereit, die eine lernzentrierte Lernkultur fördert. Das bedeutet eigenverantwortliches, sowie selbstgesteuertes Lernen, um die Gewohnheiten der „Net Generation", also der Lernenden, die mit dem Internet aufgewachsen sind, zu berücksichtigen. (Seufert & Brahm, 2007b, S. 4; Wortmann, 2007, S. 51)

Ein Vorteil der Web 2.0 Nutzung im E-Learning ist die Veränderbarkeit der Inhalte. Lehrende und Lernende haben die Möglichkeit Fehler zu beheben und Informationen anzufügen, bzw. in einem dynamischen Umfeld sich ändernde Inhalte rasch anzupassen. Außerdem hat der Lernende die Möglichkeit, selbst aktiv zu werden und sich an der Gestaltung der Inhalte zu beteiligen (Schlotfeldt, o. J., S. 3ff.) Die Rolle des Nutzers ändert sich vom Konsumenten hin zum Produzenten von Content: Der Lernende wird zum Autor bzw. Lehrenden. (Bernhardt & Kirchner, 2007, S. 5; Kerres, 2006, S. 2ff.) Wissen, das sich in den Köpfen der Lernenden befindet kann allen mitgeteilt werden (Bernhardt & Kirchner, 2007, S. 5) und so entsteht eine partizipative Kommunikationskultur. (Brahm, 2007c, S. 22) Die Motivation zur Beteiligung kann gesteigert werden, indem sichtbar gemacht wird, wie viel sich ein User in einem Weblog, einer Community usw. engagiert (Kerres, 2006, S. 8).

Nachfolgend werden Weblogs, Chats, Foren bzw. Communities, Podcasts und Wikis als mögliche Ausprägungen des E-Learning 2.0 näher betrachtet.

3.2.7.1 Weblogs

Unter Weblog oder kurz Blog versteht man eine Webseite, die von einem oder mehreren Benutzern regelmäßig aktualisiert wird. Einträge werden direkt auf der Webseite eingegeben und beginnend mit dem aktuellsten Eintrag chronologisch aufgelistet. (Wortmann, 2007, S. 52) Zudem werden die Einträge mit Hilfe von Tags in feste Archive aufgeteilt. Weblogs bieten nicht nur die Möglichkeit Einträge bereit zu stellen, andere Nutzer können zudem Kommentare zu den Einträgen schreiben. Durch die Möglichkeit des Kommentierens der Beiträge wird eine Zwei-Wege-Kommunikation ermöglicht. (Brahm, 2007b, S. 124) Weiterhin kann die Funktion Trackback genutzt werden. Mit deren Hilfe kann von einem Weblog-Eintrag auf einen Eintrag in einem anderen Weblog verwiesen werden. So können die Lesenden des Weblogs von dem einen zum anderen hin und her springen und Themen vertiefen oder andere Perspektiven auf ein Thema bekommen" (Röll, 2005, S. 3).

Einträge lassen sich auf verschiedene Arten suchen, ein Weblog kann einfach durchgeblättert, also alle Einträge durchgesehen werden. Es kann über ein Datumsarchiv, Kategorienarchiv, über bestehende Permalinks oder die Volltextsuche nach Inhalten innerhalb des Weblogs gesucht werden. (Röll, 2005, S. 5f.)

Aus Weblogs heraus können RSS-Feeds erzeugt werden. RSS steht für Really Simple Syndication oder Rich Site Summary. RSS-Feeds sind XML-Dateien, die Informationen zur Beschreibung der Inhalte des Weblogs wie bspw. Titel, Link oder Beschreibung beinhalten. Diese können Abonnementen des Weblogs innerhalb eines Mailprogramms oder eines Webbrowsers bereitgestellt werden. Dabei können die Inhalte in Form eines Links, einer kurzen Beschreibung oder gar als Volltext vorliegen.

Der Vorteil von Weblogs ist die simple Bereitstellung einfach strukturierter Texte und Materialsammlungen (Röll, 2005, S. 6). Die aktive und passive Nutzung ist leicht und erfordert nach der Installation eines Weblog-Skripts auf einem Webserver keine Installation von weiteren Hilfsprogrammen. Die Nutzung eines bereitgestellten Blogs benötigt somit keine weitere Softwareunterstützung. (Brahm, 2007a, S. 70ff.)

3.2.7.2 Chat

Der Begriff Chat hat seine Wurzeln im englischen ‚to chat‘ und kann mit ‚Plaudern‘ übersetzt werden. Beim Chatten wird in Schriftform eine ortsunabhängige, synchrone Kommunikation zwischen zwei oder mehreren Teilnehmern realisiert. Die Kommunikation wird chronologisch angezeigt und auch protokolliert. Die Art und Weise wie in einem Chat kommuniziert wird unterscheidet sich stark von der bekannten schriftlichen Kommunikation und ähnelt eher der umgangssprachlichen, mündlichen Kommunikation. Die sprachliche Kommunikation wird mit Mitteln wie z.B. ‚Smiley‘ bzw. ‚Emotikons‘ unterstützt um die fehlende Mimik und Gestik zu ersetzen. Um den Chat-Verlauf zu strukturieren besteht die Möglichkeit einen Teilnehmer als Moderator einzusetzen, z.B. der Leiter einer E-Learningeinheit. (Storrer, o. J., S. 1ff.)

Bei der technischen Umsetzung eines Chats gibt es verschiedene Möglich-keiten. Chats können über Webbrowser ermöglicht werden, dabei muss keine Software installiert werden. Zudem kann über ein Client/Server-Modell gechattet werden, bei dem alle verbundenen Rechner eine Client-Software besitzen müssen, um auf den Chat-Server zuzugreifen. Mit dieser Methode kann ebenfalls asynchron gechattet werden. Der Chat-Server kann die Nachrichten zwischenspeichern und zu einem späteren Zeitpunkt zustel-len.
Der Vorteil eines Chats ist, dass zeitliche und virtuell räumliche Nähe vermit-telt werden und beim synchronen Chatten auf die Fragen der Teilnehmer umgehend eingegangen werden kann (Storrer, o. J., S. 6).

3.2.7.3 Foren, Communities und Social Networks
Ein Forum ist eine Art asynchrone Online-Diskussionsgruppe, die sich auf einer Webseite im Internet oder im Intranet befindet. Sie ist auf die asyn-chrone Kommunikation vieler Teilnehmer ausgelegt. Die einzelnen Kom-mentare der Teilnehmer werden in verschiedene Threads aufgeteilt. Ein Thread definiert genau ein Diskussionsthema über das Informationen ausge-tauscht werden. Die Threads und Kommentare bleiben über einen längeren Zeitraum innerhalb des Forums bestehen und können somit nachgeschlagen

werden. Foren können durch Moderatoren verwaltet werden, deren Partizipation kann von der Aufsichtsaufgabe bis hin zur strikten Freigabe aller Beiträge reichen. (e-learning.org, 2006; ITwissen.info, o. J.)

Unter einer Community versteht man eine virtuelle Gemeinschaft. Diese Gemeinschaft besteht aus vielen Nutzern mit ähnlichen Interessen, die ihr Wissen in die Community einbringen, mehren und optimieren. Dabei wird die Information in Form von Newsgroups, Chats, Diskussionsforen oder Weblogs bereitgestellt. (Reinmann-Rothmeier, 2001, S. 288; Berge & Buesching, 2008, S. 25)

Im Vordergrund einer Community steht die Kommunikation der Mitglieder untereinander und ein gemeinsames Ziel oder Interesse (Ebersbach, Glaser, & Heigl, 2008, S. 171). Dadurch wird das gemeinsame Lernen und das Reflektieren der Lernprozesse unterstützt (Stoller-Schai, 2002, S. 112). Abhängig von konkreten Neigungen und Interessen wird dabei spezielles Wissen angeeignet (Reinmann-Rothmeier, 2001, S. 288).

Ein Social Network, oder auch Soziales Netzwerk, bezeichnet einen Ort im Internet an dem Beziehungen aufgebaut und gepflegt werden können. Innerhalb der Social Networks findet ein reger Informationsaustausch zwischen den Nutzern statt. Jeder Nutzer innerhalb eines Social Networks hat eine Profilseite, die er mit persönlichen Informationen wie z.B. Hobbys oder Interessen anreichern kann. (Alby, 2007, S. 99ff.; Szugat, Gewehr, & Lochmann, 2006, S. 85ff.)

3.2.7.4 Podcasts und Videocasts

Das Wort Podcast ist aus den Begriffen iPod und Broadcast entstanden (Brahm, 2007b, S. 128f.). Ein Podcast kann über verschiedene Endgeräte abgespielt werden, bspw. Computer, MP3-Player, iPod, Handy oder die Stereoanlage. Bei einem Podcast handelt es sich um eine Datei, die einen Medieninhalt in Audio- oder Videoformat enthält. Im Falle eines Videos kann der Podcast auch Videocast genannt werden. (e-teaching.org, 2008a) Videocasts und Podcasts werden auch unter dem Begriff „Mediacasts" vereint. (Brahm, 2007b, S. 127)

Podcasts werden auf einen Server im Internet hochgeladen und können dann bspw. über RSS-Feeds verteilt oder aktiv heruntergeladen werden (e-teaching.org, 2008a). Podcasts eignen sich zur Ergänzung der eigentlichen Lehrveranstaltung, können diese aber nicht ersetzen (e-teaching.org, 2008b; Wortmann, 2007, S. 52).

Vorteile von Mediacasts sind das mobile und flexible Abspielen der Dateien. Damit wird selbstorganisiertes, orts- und zeitunabhängiges Lernen möglich. Die Kosten zur Erstellung und Bereitstellung sind gering. (e-teaching.org, 2008b)

Pod- und Videocasts können über Weblogs bereitgestellt werden. Sie können als Ergänzung zu textuellen Weblogs genutzt werden oder auch rein aus Audio- oder Video-Contents bestehen (Wortmann, 2007, S. 52).

3.2.7.5 Wikis

Wikis sind eine Sammlung von diversen Webseiten, die in einer sinnstiftenden Weise miteinander verknüpft, bzw. verlinkt sind. Sinnstiftend bedeutet, dass die dargestellten Inhalte über Querverweise mit Seiten verbunden sein können, die weiterführende Informationen bereitstellen. (Hildebrand & Hofmann, 2006, S. 111) Die einzelnen Seiten können ortsunabhängig und kooperativ rezipiert, bearbeitet, erstellt und erweitert werden (Brahm, 2007b, S. 131; Wortmann, 2007, S. 51).

Mit Wikis wird durch die einfache Handhabung ein schneller Wissensaustausch realisiert. Wikis eignen sich zur Koordination und Dokumentation von Projekten. Dabei können sie als Grundlage für eine laufende Arbeitsdokumentation fungieren in der dynamisch und gemeinschaftlich Inhalte erarbeitet werden. (Gouthier & Hippner, 2008, S. 97; e-teaching.org, 2008c) Die Vorteile, die sich daraus ergeben sind die Schnelligkeit in der Inhaltserstellung und die kooperative Pflege und Erstellung der Inhalte.

3.2.8 Blended Learning

Blended Learning beschreibt einen Methoden- und Medienmix, der Selbstlernphasen mit Präsenz- und Transferphasen kombiniert und somit mehr Flexibilität bietet. Die Selbstlernphasen können elektronisch unterstützt werden. Wichtig ist festzuhalten, dass Blended Learning nicht zwangsweise mit E-Learning umgesetzt werden muss, in den Selbstlernphasen können Informationen bspw. auch mittels eines Buches bereitgestellt werden. (Högsdal, 2004, S. 154; Reinmann-Rothmeier, 2003, S. 29)

Erfolgsversprechend ist der Einsatz von E-Learning innerhalb eines Lernmoduls für die erste Lernphase, da E-Learning-Module sehr gut zur Wissensvermittlung eingesetzt werden können (Dittler, 2003, S. 14). Dieses Wissen wird dann innerhalb einer Präsenzphase angewendet (Högsdal, 2004, S. 156). Ein individuelles Feedback kann nur über einen Trainer realisiert werden, am effektivsten über eine persönliche Interaktion. Das führt zu einer sinnvollen Kombination aus Präsenz- und auch elektronisch gestützten Selbstlernphasen. (Dittler, 2003, S. 14) Zudem eignen sich Selbstlernphasen nach einer Präsenzphase um bestehende Wissenslücken nachzuarbeiten. (Högsdal, 2004, S. 156)

Durch den Wechsel von verschiedenen Methoden und von E-Learning und klassischem Lernen wird nicht nur Abwechslung in das Lernen gebracht, sondern auch der Lernerfolg gesteigert (Högsdal, 2004, S. 157; Wortmann, 2007, S. 57). „Durch diese Kombination soll vor allem die fehlende Kommunikation der Lernenden untereinander ausgeglichen werden, die eine wichtige Voraussetzung für die Umsetzung neuer Informationen in die tägliche Arbeitspraxis darstellt." (Wortmann, 2007, S. 57) Die Inhalte des Blended Learning können auf mehreren Medien verteilt sein, diese müssen jedoch aufeinander abgestimmt sein und einem gemeinsamen Konzept folgen. E-Learning soll beim Blended Learning nicht das herkömmliche Lernen ersetzen sondern „durch den Einsatz unterschiedlicher Technologien eine Anreicherung konventioneller Lehr- und Lernmethoden" (Kirchmair, 2004, S. 16) ermöglichen.

3.2.9 Entwicklung der E-Learning Nutzung

Um die praktische Relevanz der beschriebenen E-Learning Ansätze zu verdeutlichen, werden in diesem Kapitel die Ergebnisse der aktuellen Trendstudie 2010 des MMB – Institut für Medien- und Kommunikationsforschung vorgestellt (MMB-Institut für Medien- und Konsumforschung, 2010). Als Trendstudie befragt das MMB jedes Jahr einschlägige Bildungsexperten zu folgenden Themen: Wie wird die Weiterbildung in Unternehmen in drei

Jahren aussehen? Welche Trends werden dann das digitale Lernen bestimmen – und über welche Innovationen spricht man nicht mehr?

Die folgende Abbildung zeigt die erwartete Nutzung neuer Lerntechnologien in Unternehmen:

Abb. 10: Erwartete Nutzung neuer Lerntechnologien
Quelle: Eigene Darstellung in Anlehnung an das MMB-Institut für Medien-
und Konsumforschung (2010, S. 1)

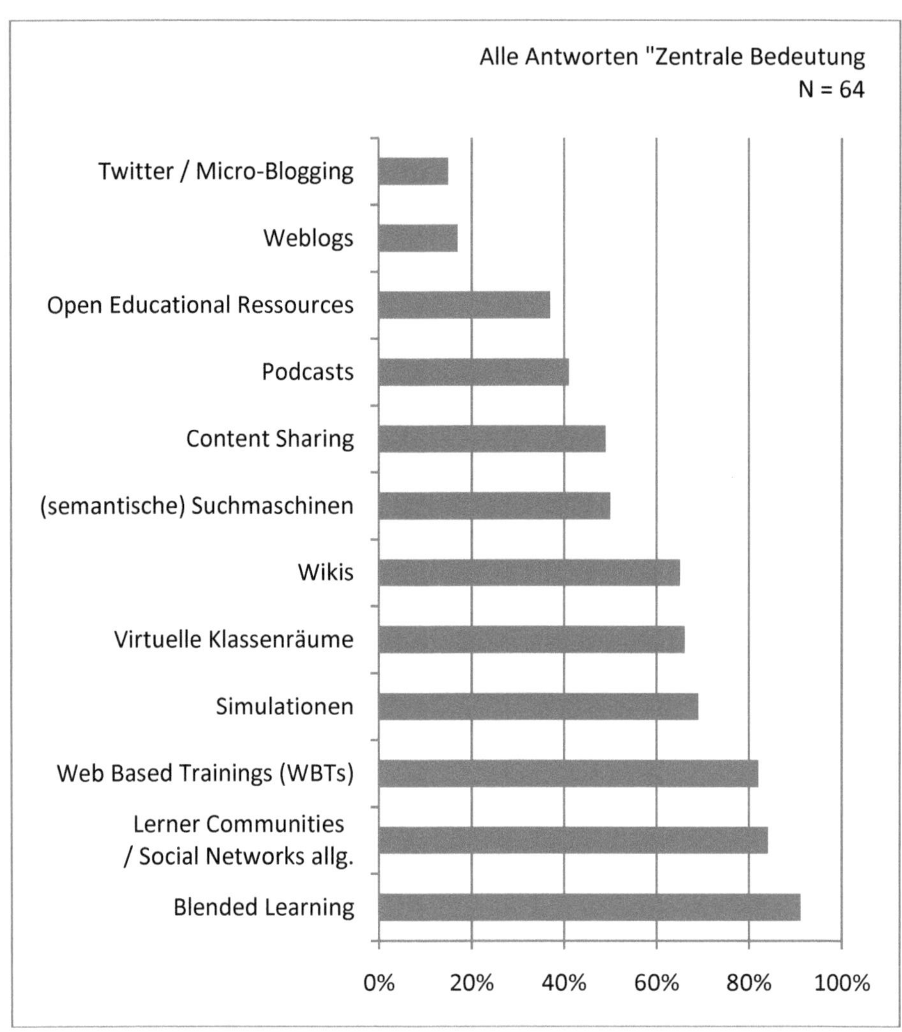

Alle Antworten "Zentrale Bedeutung
N = 64
Twitter / Micro-Blogging
Weblogs
Open Educational Ressources
Podcasts
Content Sharing
(semantische) Suchmaschinen
Wikis
Virtuelle Klassenräume
Simulationen
Web Based Trainings (WBTs)
Lerner Communities
/ Social Networks allg.
Blended Learning
0%
20%
40%
60%
80%
100%

Aus der Abbildung wird ersichtlich, dass 91 Prozent der Befragten - und damit ähnlich viele wie im Jahr 2009 (96%) Blended-Learning-Angeboten die größte Bedeutung beimessen. Auf dem zweiten Platz folgen Lerner-Communities und Social Networks mit 84%, die damit im Vergleich zum Vorjahr einen Platz nach vorne gerückt sind. WBTs belegen mit 82% den dritten Platz, haben allerdings im Vergleich zu 2009 neun Prozentpunkte eingebüßt. Eine zunehmende Bedeutung erwarten die Befragten für den Einsatz von Simulationen (2010: 69%, 2009: 61%) und Podcasts (2010: 41%, 2009: 37%).

Als wichtigster Trend für die nächsten drei Jahre stellte sich mit 36% das „Mobile Learning" heraus. Ein Jahr zuvor lag es noch mit 20% auf Platz 3. Den zweiten Platz belegte mit 26% das „Rapid/Micro Learning", die Bereitstellung kleinster Lerneinheiten zur Problemlösung am Arbeitsplatz. Den dritten Platz belegt mit 24% „Blended Learning". Am meisten an Bedeutung verlieren werden laut den befragten Experten WBTs und CBTs, die bereits seit 2006 immer weiter mehr an Relevanz einbüßen.

3.3   Lernsituationen im E-Learning

Da E-Learning nicht ausschließlich von der technischen Umsetzung bestimmt wird, sondern primär durch verschiedene Lernsituationen, in denen sich ein Lernender befindet, wird im Folgenden ein Überblick über mögliche Lernsituationen gegeben, wobei kein Anspruch auf Vollständigkeit erhoben wird.

3.3.1   Synchrones und asynchrones Lernen

Synchrones Lernen beschreibt den zeitgleichen Lernprozess und die zeitgleiche Kommunikation oder auch Interaktion zwischen dem Lehrenden und dem Lernenden. Dabei kann der Lehrende örtlich von den Lernenden getrennt sein wie beispielsweise in einem virtuellen Seminar, bei dem die Lernenden die Vorlesung am PC-Bildschirm verfolgen aber dennoch Fragen an den Online-Tutor stellen können, die sofort beantwortet werden. Die Kommunikation bei synchronem Lernen kann schriftlich, z.B. innerhalb eines Chats oder über Audio- bzw. Videokanäle erfolgen.

Synchrone Werkzeuge ermöglichen die Ansicht von Kollaborationsobjekten, Kollaborationsereignissen und Verfügbarkeitsinformationen von Personen. (Whittaker & O´Connail, 1997, S. 23ff.; Schwabe et al, 2001, S. 159) Beim synchronen Lernen handelt es sich um fremdgesteuertes Lernen, das durch ein System oder den Tutor gesteuert wird.

Beim asynchronen Lernen erfolgt der Lernprozess zeitlich versetzt. Das geschieht z.B. in dem Aufgabenstellungen online zur Bearbeitung bereitgestellt werden. Diese können dann zeitverzögert und flexibel bearbeitet werden. Ergebnisse können online bereitgestellt und wiederum zeitverzögert mit einem Feedback versehen werden. Ebenso funktionieren Online-Diskussionen in Foren oder kollaboratives Arbeiten. (Wortmann, 2007, S. 29)

Beim asynchronen Lernen handelt es sich um selbstgesteuertes Lernen, bei dem der Lernende seinen eigenen Lernrhythmus sowie Lernzeit, -strategie und -ziele selbst festlegen kann. Die Bereitstellung der Aufgaben und Ressourcen geschieht online, die Bearbeitung kann offline erfolgen. Feedbacks werden zeitversetzt gegeben. Die asynchrone Kommunikation muss über ein Medium realisiert werden, das die Kommunikation zwischenspeichert bspw. in textueller Form per Email oder über ein Weblog etc. (Kirchmair, 2004, S. 4ff.)

Es ist klar, dass beim synchronen Lernen ein Zeitfenster für das gemeinsame Lernen vorgegeben sein muss. Wichtig ist zu beachten, dass für das asynchrone Lernen ebenfalls ein Zeitfenster benötigt wird. Diskussionspunkte müssen zeitnah aufgegriffen werden, Antworten in Threads sollten dann gegeben werden, wenn die Thematik noch Beachtung findet. Ein Vorteil dieser gewollten Zeitverschiebung ist, dass die Möglichkeit geschaffen wird weltweit Informationen zu beschaffen und auszutauschen. (Baumgartner et al, 2002, S. 5)

3.3.2 Selbstgesteuertes und fremdgesteuertes Lernen

Selbstgesteuertes Lernen bedeutet, dass der Lernende sich selbst um alle Facetten des Lernens kümmert. Dabei ist zu beachten, dass der Lernende Selbstlernkompetenz besitzt und über Basisinformationen zur Informationsbeschaffung, -selektion, etc. verfügt. Ein weiterer wichtiger Punkt ist die Motivation; sie bildet eine Grundvoraussetzung und kann bspw. durch individuelle Lernziele gefördert werden. (Dreer, 2008, S. 1ff.)
Selbstgesteuertes Lernen ist ein aktiver und konstruktiver Wissenserwerbsprozess. Merkmale sind die Zeit- und Ortsunabhängigkeit, die Wahl der Themen und damit verbundener Lernziele, das individuelle Lern- und Arbeitstempo. (Dreer, 2008, S. 2ff.) Der Lernende bestimmt bei dieser Form des Lernens seinen Rhythmus und die Dauer des Lernens. Vorgegeben sind häufig die Aufbereitung der Lerninhalte, Prüfungstermine oder Prüfungsanforderungen. (Kirchmair, 2004, S. 4; Pieter, 2003, S. 48; Wilbers, 2001, S. 16) Daher kann das selbstgesteuerte Lernen nicht als komplettes Gegenteil des fremdgesteuerten Lernens gesehen werden (Tiaden, 2006, S. 14).

Das selbstbestimmte oder selbstgesteuerte Lernen wird vornehmlich von Führungskräften, Selbständigen und Fachkräften betrieben, die über ein hohes Maß an intrinsischer Motivation verfügen (European Foundation for the Improvement of Living and Working Conditions (Eurofound), 2008, S. 2; Kerres, Ojstersek, & Stratmann, 2008, S. 2).

Wenn wenig Zeit für das Lernen zur Verfügung steht oder es um die Vermittlung von Faktenwissen geht, sollte auf eine fremdgesteuerte Umsetzung zurückgegriffen werden, da dabei die Zeit der Informationsbeschaffung verkürzt wird. Das fremdgesteuerte Lernen eignet sich wenn der Lernende nicht intrinsisch motiviert ist, sondern von außen motiviert werden muss. Außerdem bietet sich die Fremdsteuerung an, wenn eine große Anzahl an Lernenden dieselben Wissensbedarfe hat. (Kerres et al., 2008, S. 2)

3.3.3   Ortsabhängiges und ortsunabhängiges Lernen

Das ortsabhängige Lernen beschreibt das Lernen an einem festgelegten Ort, bspw. am Arbeitsplatz. Dabei kann der Ort während einer Lerneinheit nicht geändert und die Lerninhalte von diesem Ort nicht mitgenommen werden. Das bedeutet, dass der Lernende nicht zwischen unterschiedlichen Desktop-Rechnern wechseln kann und dass die Lerneinheiten dort beendet werden müssen, wo sie gestartet wurden. Der Lerner ist an einen bestimmten Platz gebunden.

Ortsunabhängiges Lernen ist ein Lernen auf Endgeräten, die portabel sind. Die Lernmodule können „mitgenommen" und an unterschiedlichen Orten verwendet werden, z.B. an dem Ort, an dem die Informationen benötigt werden, wie in einer Fabrik oder beim Kunden. Somit weist diese Lernsituation direkt auf die technische Umsetzung des M-Learning hin.

Nicht berücksichtigt wird hier die Nutzung von webbasierten E-Learning-Anwendungen, auf die von verschiedenen Orten aus mit stationären Endgeräten zugegriffen werden kann.

Bei der Betrachtung der Ortsabhängigkeit oder der Ortsunabhängigkeit muss stets die Verbindung zu anderen Lernsituationen hergestellt werden wie beispielsweise zur vorhandenen Zeitkapazität. Das bedeutet, dass ein Notebook in anderen Zeitfenstern genutzt werden wird wie z.B. ein Mobiltelefon.

3.3.4 Strukturiertes und unstrukturiertes Lernen

Unterschiedliche Lerntypen haben unterschiedliche Lernbedarfe im Hinblick auf die Struktur des Lernens. Strukturiertes Lernen bedingt eine Fremdsteuerung, da der Lerninhalt in strukturierter Form vorgegeben sein muss. Das kann z.B. mit dem Lesen eines Fachbuches verglichen werden, in dem der Lernweg konkret vorgegeben ist.

Der Lerner, der unstrukturiert lernen möchte hat den Anspruch die Quellen, bzw. Inhalte selbst zu suchen und selbst zu bewerten. Daraus entsteht ein Lernen, bei dem nicht genau vorgegeben ist welcher Lernerfolg am Ende der Lernphase steht und welche Inhalte genau aufgenommen werden.

Wird also ein definierter Lernerfolg angestrebt, ist darauf zu achten, dass das Lernen gesteuert und strukturiert abläuft, um beabsichtigte Ziele zu erreichen (Heek, 2009).

3.3.5   Kollaboratives Lernen und Einzellernen

Kollaboratives Lernen meint das wechselseitige Arbeiten an einer Sache um gemeinsame und individuelle Ziele zu erreichen (Grune & de Witt, 2004, S. 27). Dabei ist sowohl das Miteinander von Lehrendem und Lernenden als das der Lernenden untereinander gemeint. Diese Form des Lernens kann synchron und asynchron realisiert werden. (Haake, Schwabe, & Wessner, 2004, S. 2) Beim kollaborativen Lernen werden nicht nur Informationen zwischen den Beteiligten ausgetauscht. Es besteht die Möglichkeit neue Erkenntnisse zu entwickeln. Darüber hinaus werden weitere soziale Kompetenzen wie Entscheidungsverhalten und Verantwortungsübernahme gefördert. (Grune & de Witt, 2004, S. 28ff.)

Einzellernen ist die selbstständige Beschäftigung mit Inhalten. Es erfolgt selbstbestimmt und selbstgesteuert. Damit übernimmt der Lernende zu Teilen die Rolle des Lehrenden. Technisch können hier Feedbackmechanismen vernachlässigt werden, wodurch die Anbindung an ein Netzwerk entfallen kann. (Grune & de Witt, 2004, S. 27ff.) Das Einzellernen fördert die Individualisierung, wobei sich individuelle Lernziele und Möglichkeiten der Lernkontrolle realisieren lassen (Wilbers, o. J.).
Umzusetzen ist das kollaborative Lernen mit allen Techniken, die die Kommunikation ermöglichen, also Chat, Foren, Communities, etc. Das Einzellernen kann mit allen kommunikationsfreien Techniken umgesetzt werden.

3.3.6   Hohe Zeitkapazität und geringe Zeitkapazität

Auch der Faktor Zeit beeinflusst den Lernenden. Die Umsetzung eines Stoffes innerhalb einer Lerneinheit bedingt stets, dass der Lernende sich für das

Durcharbeiten oder Rezipieren des Inhalts Zeit nehmen muss, bzw. ihm dazu Zeit eingeräumt wird.

Ein Mitarbeiter, der viele Service-Aufgaben durchführen muss, sollte flexibel sein. Das bedingt, dass lediglich ein kleines Zeitfenster zur Verfügung steht, um Lerneinheiten zu bearbeiten.

Ein anderer Mitarbeiter der hingegen täglich ein gewisses Arbeitspensum hat, das abhängig von der Bearbeitungsgeschwindigkeit oder durch z.B. saisonale Veränderungen auch früher erreicht oder sogar unterbrochen werden kann, hat die Möglichkeit längere Lerneinheiten zu bearbeiten. Die verschiedenen Zeitbedarfe werden später betrachtet, wenn es um die Frage geht, für wen E-Learningeinheiten erstellt werden.

3.4   Geeignete Lehrinhalte für das E-Learning

Im Folgenden werden zwei Befragungen und eine Studie vorgestellt, die sich mit der Eignung von Lehrinhalten für das E-Learning beschäftigen. Bei der Ersten handelt es sich um die Befragung von Unternehmen des deutschen CDAX[4]. Dabei wurden neben großen Unternehmen auch mittlere und kleine Unternehmen befragt. Die Umfrage bei insgesamt 692 Unternehmen ergab, dass IT-Themen bei der Umsetzung von E-Learning führend sind. (Küpper, 2004, S. 35) Genauere Angaben zu dieser Umfrage werden in Abbildung 11 aufgezeigt.

---

4 Der CDAX ist ein Index , der alle an der Frankfurter Wertpapierbörse im General Standard und Prime
  Standard notierten deutschen Aktien enthält

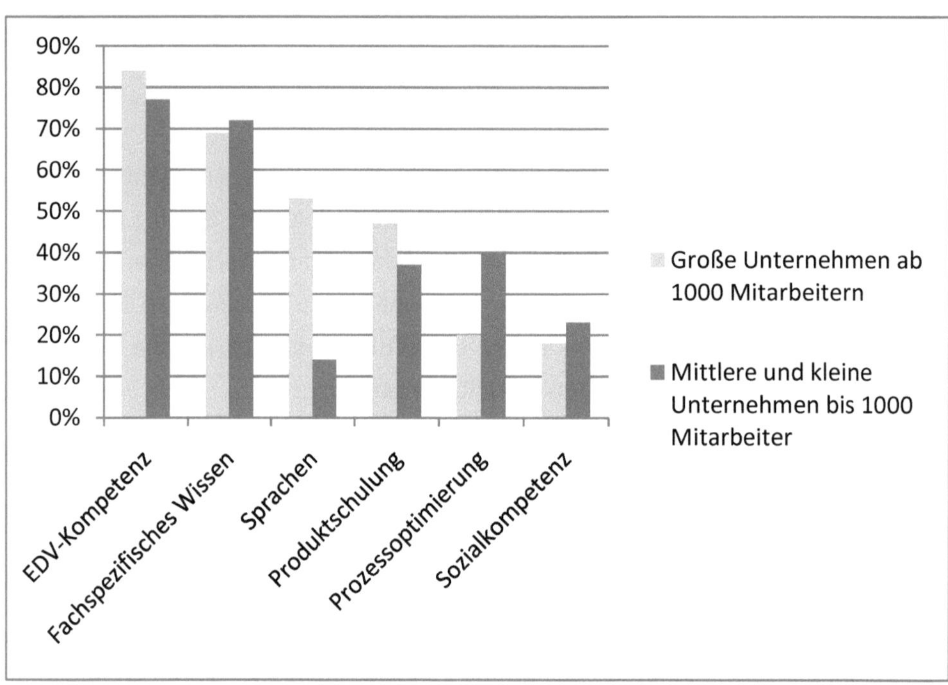

Abb. 11: Lerninhalte der CDAX Unternehmen
Quelle: Eigene Darstellung in Anlehnung an Küpper (2004, S. 39)

Die Umfrage macht deutlich, dass über 80% der befragten Unternehmen ab 1000 Mitarbeitern EDV-Kompetenzen elektronisch schulen und knapp 80% der mittleren und kleinen Unternehmen. Es wird vermehrt fachspezifisches Wissen mit E-Learning vermittelt. Hierbei liegen die mittleren und kleineren Unternehmen sogar mit über 70% vor den großen Unternehmen. Das Schlusslicht bilden die Sozialkompetenzen, die sich elektronisch schwer vermitteln lassen.

Bei der Übermittlung von EDV-Kompetenz eignet sich das E-Learning besonders aufgrund der Gleichartigkeit des Mediums. Bei dem Erlernen neuer Anwendungen besteht die Möglichkeit das Gelernte sofort umzusetzen bzw. zu vertiefen. (Wortmann, 2007, S. 68) „Lernprogramme dieser Art erfüllen somit häufig nicht nur den Zweck der Wissensvermittlung, sondern können zumeist auch dazu beitragen, dass der Lernende die Lerninhalte direkt in der Arbeitspraxis umsetzen kann." (Wortmann, 2007, S. 69)

Fachwissen kann hervorragend mit CBTs oder WBTs umgesetzt werden, da diese die Funktionen des klassischen Unterrichts beinhalten, also die Präsentation der Inhalte, diverse Aufgaben zu diesen Inhalten und die Erfolgskontrolle am Ende der Lerneinheiten. Diese Inhalte können zudem durch Visualisierungen mit Text, Graphik, Video, Animation, Audio usw. unterstützt werden. Außerdem sind verschiedene Lernmethoden möglich. Die Programme können vom Schwierigkeitsgrad an den Nutzer angepasst werden und ermöglichen somit jedem Nutzer des Programms die stetige Erfolgskontrolle seines Lernniveaus. Diese Kontrolle ist oft innerhalb von Präsenzveranstaltungen nicht möglich, da die Teilnehmer auf unterschiedlichen Wissenslevels stehen und somit das Gesamtniveau der Nachbearbeitung und Fragen zum Thema beeinflussen bzw. die Zeit innerhalb der Präsenzseminare zu knapp ist um die Inhalte nach der Präsentation zu festigen. (Wortmann, 2007, S. 68)

Sozialkompetenzen können nur in Grenzen elektronisch vermittelt werden: „Problematischer und allenfalls unter großem Aufwand ist dagegen die Vermittlung von Sozial- und Handlungskompetenzen mit E-Learning-Methoden, da diese keine direkte Interaktion zwischen Lernendem und Lehrendem beinhalten." (Gamer, 2003, S. 19)

Högsdal beschäftigt sich ebenfalls mit den Lehrinhalten des E-Learning und kommt zu dem Schluss, dass der Bereich IT, sowie Vertrieb und Marketing bei der Anwendung von E-Learning den Schwerpunkt bilden. Dabei sind 70% der eingesetzten Lösungen Standardlösungen um Faktenwissen zu vermitteln. (Högsdal, 2004, S. 109) Weitere Informationen werden in der nachfolgenden Abbildung dargestellt.

Abb. 12: Häufigste Einsatzformen des E-Learning
Quelle: Eigene Darstellung in Anlehnung an Högsdal (2004, S. 110)

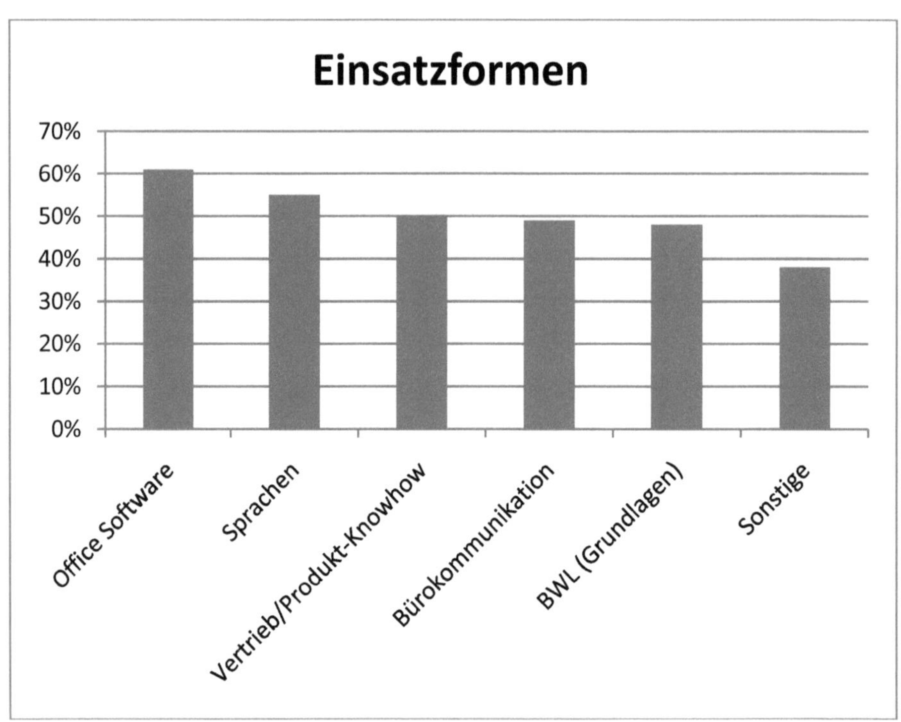

Dies bestätigt auch Dittler in Bezug auf die Erhebung von MMB/Psephos aus dem Jahr 2000. Dort geben kleine und mittelständische Betriebe an, dass 62% der E-Learningeinheiten EDV-Wissen zur Grundlage haben, 39% Produktinformationen und 20% Sprachen. Lediglich 15% der Lerneinheiten sind Verhaltenstrainings. (Dittler, 2003, S. 13)

Die Ergebnisse von Wortmann, Högsdal und die Umfragen von Küpper und Dittler, sowie die Aussage von Gamer machen deutlich, dass sich EDV-Kenntnisse jeglicher Art und speziell Anwendungswissen gut eignen per E-Learning übermittelt zu werden. Faktenwissen spielt bei allen genannten Autoren eine wichtige Rolle. Soft Skills werden nicht positiv berücksichtigt.

4 E-Learning für Inhalte des Bebauungs-
managements

Die Umsetzung von E-Learning für das Bebauungsmanagement birgt einige Tücken. Bei der Entwicklung eines E-Learning-Konzepts für Bebauungsmanagement sind mehrere interdependente Faktoren zu beachten, die in Abbildung 13 aufgezeigt werden. Die Tücken ergeben sich daraus, dass ein Beteiligter am Bebauungsmanagement je nach Rolle verschiedene Wissensbedarfe hat und sich an seinem Arbeitsplatz, bzw. in seinem Arbeitsalltag unterschiedlich bewegt und anderen äußeren Umständen unterworfen ist. Die Lernsituation wiederum bedingt die technischen Umsetzungsmöglichkeiten. Auf der anderen Seite bedingt der Lerninhalt eine bestimmte mediengestalterische Aufbereitung. Diese führt zu einer bestimmten Technik mit der diese Inhalte dann übermittelt werden können.

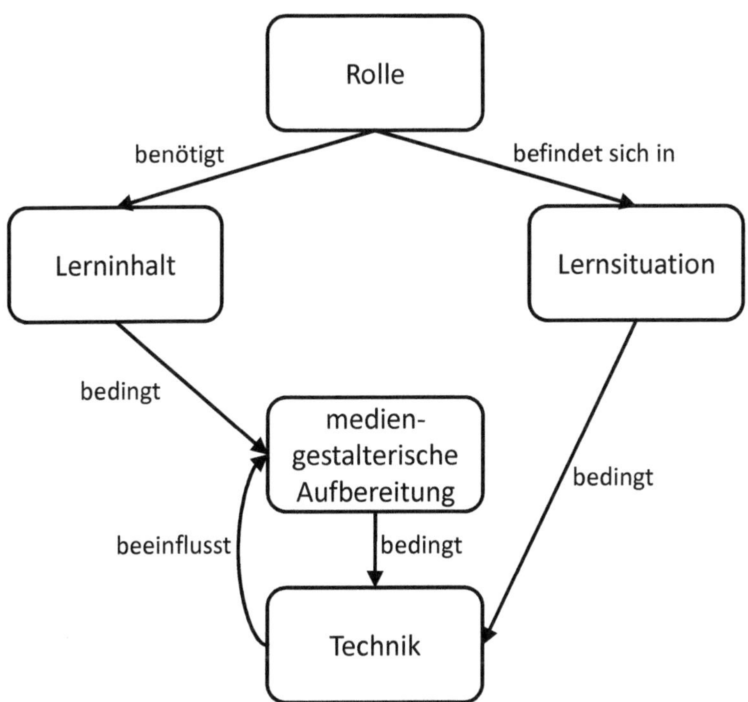

Es bestehen demensprechend Wechselwirkungen zwischen den einzelnen Faktoren. Eine einfache Ableitung der Aufbereitung der Inhalte ist somit nicht möglich. Die optimale Lerneinheit kann erst erstellt werden wenn alle Faktoren und deren Wechselbeziehungen zueinander berücksichtigt wurden.

Die Lerninhalte wurden bereits in Abschnitt 2.2 detaillierter beleuchtet, ebenso die Lernsituationen, die in Abschnitt 3.3 angesprochen wurden und die Techniken aus Abschnitt 3.2. Nachfolgend wird auf die Rollen im Architekturmanagement und deren Einordnung in die Organisation eines Unternehmens eingegangen.

4.1 Rollen im Bebauungsmanagement

Im Bebauungsmanagement sind unterschiedliche Rollen zu unterscheiden. Beteiligte treten entweder als aktive Mitglieder des Architekturteams auf, also als Architekten oder Domänenbesitzer bzw. Domänenexperten; oder sie repräsentieren das Management, das innerhalb des Bebauungsmanagements die Entscheidungen trifft. Für alle Beteiligten am Bebauungsmanagement bringt die Welt abstrakter Objekte, wie sie im Bebauungsmanagement dargestellt wird, Unsicherheiten und Mehrdeutigkeiten mit sich. Um diese zu minimieren ist eine intensive Kommunikation zwischen den Beteiligten und eine gemeinsame Wissensbasis notwendig. (Dern, 2006, S. 3)

In der nachfolgenden Tabelle werden die verschiedenen Rollen in die drei Gruppen ‚Architekturteam', ‚Management' und ‚Mitarbeiter' aufgeteilt. Weiterhin wird der Grad der Beteiligung angegeben, sowie die Wissensbedarfe der Rollen innerhalb der Gruppen.

Tab. 1: Interne Stakeholder und deren Wissensbedarfe
Quelle: Eigene Darstellung in Anlehnung an Lankhorst (2005, S. 161ff.) und
Schwarzer (2009, S. 143ff.)

Stakeholder	Architekturteam	Management	Mitarbeiter
Rollen	<ul><li>Chef-Architekt</li><li>Geschäftsarchitekt</li><li>Anwendungs-architekt</li><li>Informations-architekt</li><li>Infrastruktur-architekt</li><li>Security Architekt</li><li>Domänenexperten</li><li>Domänenbesitzer</li></ul>	<ul><li>Mittleres Management</li><li>Oberes Management</li></ul>	<ul><li>Alle Mitarbeiter</li></ul>
Beteiligung am Architektur-management	Aktiv, gestalterische Beteiligung	Entscheidungs-findung	Information
Wissensbedarfe (vgl. Abschnitt 2.2ff.)	<ul><li>Grundlagen</li><li>Software-kartographie</li><li>Vorgehensweise</li><li>Analyse-möglichkeiten</li><li>EAM-Werkzeuge</li></ul>	<ul><li>Grundlagen</li><li>Software-kartographie</li><li>Vorgehensweise</li></ul>	<ul><li>Grundlagen</li></ul>

Nachdem die vorangegangene Tabelle einen Überblick über die Beteiligten am Bebauungsmanagement und deren Wissensbedarfe gegeben hat werden diese im Folgenden genauer betrachtet.

4.1.1 Architekturteam

Die Aufgabe der Architekten ist das Gestalten der Architektur, das reicht von der Idee bis zur konkreten Umsetzung (Schwarzer, 2009, S. 143). Dabei werden sie von Domänenexperten und Domänenbesitzern aus den Fachbereichen unterstützt.
Nachfolgend werden die Architekten und die Domänenbesitzer, deren Lernsituationen und die Frage wie deren Wissensbedarfe gedeckt werden können, beschrieben.

Architekt
Die Rolle des IT-Architekten kann in strategische und projektbezogene Aufgaben unterteilt werden. Die strategischen Aufgaben übernimmt in der Regel der Chef-Architekt, die operativen Aufgabenbereiche werden von Bereichsarchitekten wie Geschäftsarchitekten, Anwendungsarchitekten, Informationsarchitekten, Infrastrukturarchitekten und Security Architekten abgedeckt. (Chief Information Officer Council, 2001, S. 17)

Chef-Architekt
Der Chef-Architekt führt das Architekturteam und treibt die Erfassung der Ist-Architekturen sowie die Entwicklung der Ziel-Architekturen voran (Chief Information Officer Council, 2001, S. 17). Er ist für die Zusammenstellung des Architekturteams verantwortlich, leitet aus den Unternehmenszielen die IT-Ziele ab und entwickelt IT-Strategien, um diese Ziele zu erreichen. Dazu

muss der Chef-Architekt einen kompletten Überblick über die Theorie der Unternehmensarchitektur besitzen. (Rohloff, o. J., S. 646)

Bereichsarchitekten

Die Bereichsarchitekten (Geschäftsarchitekt, Anwendungsarchitekt, Informationsarchitekt, Infrastrukturarchitekt und Security Architekt) sind jeweils für die Analyse, Dokumentation und Entwicklung der einzelnen Unternehmensarchitekturbereiche zuständig. Folglich ist der Geschäftsarchitekt für Prozesse, Szenarien und Informationsflüsse verantwortlich. Der Anwendungsarchitekt beschäftigt sich mit den Systemen und Schnittstellen, der Kontrolle und den Datenflüssen. Der Informationsarchitekt hat das Analysieren und Dokumentieren der logischen und physischen Informationen und deren Beziehungen zur Aufgabe. Die Systemumgebung, die Netzwerkkommunikation, Betriebssysteme, Anwendungen und Anwendungsserver sowie Web- und Portalserver und Middleware gehören zum Bereich des Infrastrukturarchitekten. Der Security Architekt hat die Sicherheitsaspekte im Blick, dazu zählt die Verschlüsselung, der Zugriffsschutz, die Authentifizierung, etc. Diese Bereichsarchitekten bilden die jeweiligen Architekturteams und können von einer oder mehreren Personen ausgeführt werden. (Chief Information Officer Council, 2001, S. 17)

Domänenbesitzer

Der Domänenbesitzer bringt das Fachwissen und die Wünsche der Fachabteilungen in das Architekturteam ein. Er stellt Informationen aus den Fachbereichen für die Architektur zur Verfügung. Der Domänenbesitzer hat die Entscheidungsmacht über seine Domäne und verantwortet Änderungen der Architektur. Logisch kann die Rolle des Domänenbesitzers vom Leiter einer Fachabteilung übernommen werden. (Schwörer & Müller, 2009, S. 14)

Domänenexperte

Der Domänenexperte tritt als Unterstützer des Domänenbesitzers auf und hat die Aufgabe das Architekturteam zu beraten. Diese Rolle kann durch einen Mitarbeiter der Fachabteilung oder einen externen Berater besetzt werden. (Schwörer & Müller, 2009, S. 14)

4.1.2 Management

Das obere und das mittlere Management sind die wichtigsten Entscheidungsträger innerhalb der Organisation.

Oberes Management

Die Mitglieder der Geschäftsleitung treffen nicht nur wichtige Entscheidungen, sie sollen unter anderem als Machtpromotoren im Unternehmen auftreten und aktiv Unterstützung leisten, um die Akzeptanz des Architekturmanagements zu fördern sowie die Potentiale auszuschöpfen. (Schwarzer, 2009, S. 119; Rosemann & Schallert, 2003, S. 48) In dieser Position müssen sie ein Verständnis für die Tätigkeiten innerhalb des Bebauungsmanagements haben und besonders den Umgang mit den verschiedenen Architekturprodukten. Die Unterstützung durch das obere Management ist elementar für die erfolgreiche Umsetzung des strategischen IT/Business-Alignment. (Schwarzer, 2009, S. 117ff.) Das obere Management ist an der Entwicklung der Unternehmensstrategien beteiligt und damit auch an der IT-Strategie und der gesamten Entwicklung des Unternehmens. Durch seine Macht setzt das Management unternehmensweite Entscheidungen durch. (Schwörer & Müller, 2009, S. 13)

„Kommunikation, gegenseitiges Verständnis und geteiltes fachliches Knowhow […] sowie Rückhalt für IT-Fragestellungen und -Initiativen […] [sind]

wesentliche Erfolgsfaktoren für strategisches Alignment." (Schwarzer, 2009, S. 117). Daher ist es wichtig die Führungskräfte aller Unternehmensbereiche über das Thema Bebauungsmanagement zu informieren und über Veränderungen zu unterrichten, bzw. mit ihnen zu kommunizieren. (Schwörer & Müller, 2009, S. 13)

Die konkrete Umsetzung und Bearbeitung von Architekturaufgaben liegt nicht im Aufgabenbereich des oberen Managements, daher sind diese Fähigkeiten nicht relevant.

Mittleres Management

Das mittlere Management trifft die Entscheidungen auf Divisions- oder Bereichsebene und hat daher ebenfalls Entscheidungsmacht und somit einen Informationsbedarf. Das mittlere Management sollte Grundlageninformationen über das Bebauungsmanagement haben. Ziel ist es hier, Akzeptanz zu schaffen, damit Entscheidungen innerhalb des Bebauungsmanagements nicht blockiert werden. Der Fokus dieser Wissensvermittlung liegt nicht im umfassenden Verständnis des Bebauungsmanagements sondern im Nutzen für das mittlere Management selbst. (Schwarzer, 2009, S. 115)

4.1.3 Mitarbeiter

Alle Mitarbeiter haben ein Interesse an Information über Bebauungsmanagement. Grund dafür ist der organisatorische Wandel, der durch das Architekturmanagement bedingt wird und die Mitarbeiter unter Umständen persönlich betrifft. Die Mitarbeiter müssen folglich rechtzeitig informiert werden, also noch vor der Umsetzung, um Akzeptanz für ein erfolgreiches Bebauungsmanagement zu schaffen. (Schwarzer, 2009, S. 113)

4.2   Rollenbasierter Wissensbedarf

Nachdem im vorangegangenen Kapitel die Rollen innerhalb des Bebauungsmanagements beschrieben wurden, werden nun die Wissensbedarfe genauer betrachtet. Diese werden in Tabelle 2 mit den Wissensbedarfen, bzw. Inhalten des Architekturmanagements verbunden.

Tab. 2: Wissensbedarf pro Rolle
Quelle: Eigene Darstellung

Rolle	Architekturteam	Management	Mitarbeiter
Inhalt des Architekturmanagements			
Grundlagen			
• **Kommunikationskompetenz**	X	X	
• **Methodenkompetenz**	X	X	
• **Begrifflichkeiten**	X	X	X
• **Organisationsstrukturen**	X	X	X
○ **Aufbauorganisation**	X	X	X
○ **Ablauforganisation**	X	X	X
• **Architekturprinzipien**	X	X	X
• **Standards**	X	X	X

Rolle	Architekturteam	Management	Mitarbeiter
Inhalt des Architekturmanagements			
Softwarekartographie			
• Softwarekarten	X	X	
Vorgehensweise			
• Vorgehensweise	X	X	
• Vorgehensmodell	X	X	
Analysemöglichkeiten			
• Analyseverfahren	X		
EAM-Werkzeuge			
• Nutzung der Werkzeuge	X		

In den folgenden Abschnitten werden die Zuordnungen der Tabelle erläutert.

4.2.1 Architekturteam

Für die Architekten, bzw. Domänenbesitzer und -experten sind die Grundlagen zum Bebauungsmanagement elementar. Das Wissen über Begrifflichkeiten, Definitionen und Formulierungen gehört ebenso zur notwendigen Wissensbasis, wie das Wissen über die Organisationsstrukturen. Für alle Mitglieder des Architekturteams ist es wichtig sich mit der Aufbau- und der Ablauforganisation auseinanderzusetzen, da Ansprechpartner, Beteiligte und Verantwortlichkeiten innerhalb der Architekturprojekte erkennbar und direkt adressierbar sein müssen. Dabei müssen Aufgabenbereiche abgrenzbar sein und Verflechtungen erkennbar. Ebenso ist ein umfassendes Verständnis der Prozesse im Unternehmen wichtig um den Überblick zu bewahren und bei der Gestaltung Besonderheiten im Auge zu behalten.

Kommunikations- und Methodenkompetenzen müssen Mitglieder des Teams ebenfalls besitzen. Während der Entwicklung neuer Bebauungspläne muss stets ein reger Austausch innerhalb des Architekturteams aber auch mit den Fachbereichen und dem Management gewährleistet sein. Hier sind gute Kommunikationsfähigkeiten erforderlich.

Die Methodenkompetenz teilt sich in Methoden zur gemeinsamen Erarbeitung von Lösungen innerhalb des Teams (z.B. Gruppenmoderation, Konfliktlösung usw.) und Methoden des Bebauungsmanagements. Alle Mitglieder des Architekturteams müssen mit Softwarekarten umgehen können, d.h. die Erstellung und Interpretation beherrschen. Darüber hinaus muss das Vorgehensmodell, das dem Bebauungsmanagement zugrunde liegt, bekannt sein. Außerdem müssen sie mit den EAM-Werkzeugen umgehen können, da in diesen alle Informationen über Zustände, Systeme, Abläufe, etc. hinterlegt und Karten sowie Reports daraus erzeugt werden.

Die Architekten müssen die unternehmensspezifischen Architekturprinzipien kennen, da diese die Leitlinien für die Bebauungspläne vorgeben, sowie die Standards, da auf deren Basis die Architekturen entwickelt werden.

4.2.2 Management

Das obere und das mittlere Management treffen innerhalb der Organisation die Entscheidungen. Daraus ergibt sich die Notwendigkeit die Grundlagen des Bebauungsmanagements zu kennen. Ebenso wie für die Architekten ist für das Management wichtig, dass Grundlagen und Begriffe geklärt sind, die Architekturprinzipien und Standards als Leitlinie bekannt sind und die Manager Kommunikations- und Methodenkompetenzen besitzen um erfolgreich mit dem Architekturteam zusammen arbeiten zu können.

Kommunikationskompetenzen sind weiterhin wichtig für das obere Management, um die Prinzipien und Standards zu promoten und für das mittlere Management, um in den einzelnen Bereichen Akzeptanz zu schaffen und zu verhindern, dass Entscheidungen blockiert werden.

Die Organisationsstrukturen und -abläufe sollten dem Management standardmäßig bekannt sein. Benötigt werden diese Informationen konkret wenn es darum geht, die Auswirkungen geplanter Änderungen abzuschätzen und zu beurteilen.

Die Softwarekarten bilden eine wichtige Grundlage für Entscheidungen. Diese sollten zumindest vom mittleren Management gelesen und verstanden werden können (Schwarzer, 2009, S. 143). Das Vorgehensmodell für Bebauungsmanagement ist für das Management ebenfalls wichtig, da hierin die Strategie für das Architekturmanagement festgelegt ist, zudem der Zeitplan, die Reihenfolge der Aufgaben, die konkreten Verantwortlichkeiten, etc.

4.2.3 Mitarbeiter

Da das Bebauungsmanagement unter Umständen die Organisationsstrukturen verändert, also sowohl die Aufbauorganisation als auch die Prozesse, ist es unumgänglich alle Mitarbeiter rechtzeitig über das Thema und dessen Auswirkungen auf die Mitarbeiter selbst und das Unternehmen zu informieren. Wird dieser Punkt missachtet, ist ein Großteil der Mitarbeiter nicht informiert, was künftig geschehen wird oder warum etwas in gewisser Weise umgesetzt wurde. Mangelnde Informationen können zu Verunsicherung und einer ablehnenden Haltung führen, die Blockaden hervorrufen kann. Daher ist es wichtig alle Mitarbeiter in einem Unternehmen bzw. Personen in einer Organisation über die Ziele und Bewegründe zu informieren. (Schwarzer, 2009, S. 113)

Zu vermitteln sind die Grundlagen über Bebauungsmanagement an sich und die damit verbundenen Begrifflichkeiten. Die Architekturprinzipien müssen als Vorgaben für das, was künftig geschehen soll, bekannt sein und die Standards für das Verständnis, warum etwas wie umgesetzt wird.

4.3 Mediengestalterische Aufbereitung der Inhalte des Architekturmanagements

Bei der Umsetzung der Inhalte des Architekturmanagements müssen die mediengestalterischen Möglichkeiten berücksichtigt werden. Es bietet sich für die Bereitstellung einer Information nicht immer die Textform an und Texte lassen sich bspw. schlecht in Form von Videos darstellen.

Die nachfolgende Tabelle gibt einen Überblick über die Aufbereitungsmöglichkeiten der einzelnen Inhalte. Grundlage hierfür sind die Informationen der e-teaching.org unter dem Punkt Aufbereitung der Medientechnik. (e-teaching.org, o. J.)

Tab. 3: Mediengestalterische Aufbereitung der Inhalte des Architekturmanagements
gements
Quelle: Eigene Darstellung

Mediengestalterische Umsetzung Inhalt des Architekturmanagements	Text	Bild	Audio	Video	Animation
Grundlagen					
• Kommunikationskompetenz	Umsetzung ohne E-Learning				
• Methodenkompetenz					
• Begrifflichkeiten	X		X	X	
• Organisationsstrukturen					
o Aufbauorganisation	X	X		X	X
o Ablauforganisation	X	X		X	X
• Architekturprinzipien	X		X	X	
• Standards	X	X			
Softwarekartographie					
• Softwarekarten	X	X		X	X
Vorgehensweise					
• Vorgehensweise	X	X		X	X
• Vorgehensmodell	X	X		X	X

Mediengestalterische Umsetzung	Text	Bild	Audio	Video	Animation
Inhalt des Architekturmanagements					
Analysemöglichkeiten					
• Analyseverfahren	X	X		X	X
EAM-Werkzeuge					
• Nutzung der Werkzeuge	X	X		X	X

In der vorangegangenen Tabelle kann man die Schnittpunkte zwischen den Inhalten des Architekturmanagements und der mediengestalterischen Umsetzung erkennen. Nicht jede Zelle bildet dabei einen Schnittpunkt. Das bedeutet zweierlei: zum einen, dass nicht alle Inhalte mit allen mediengestalterischen Möglichkeiten umsetzbar sind und zum anderen, dass es Inhalte bzw. Fähigkeiten gibt, die erlernt werden müssen, jedoch nicht innerhalb des E-Learnings umgesetzt werden können.

Grundlagen des Architekturmanagements

Die Kommunikationskompetenz und Methodenkompetenz in Bezug auf das promoten des Architekturmanagements und dem Durchführen von Besprechungen, der Entscheidungsfindung, dem Teambuilding, etc. lassen sich nicht einfach über eine E-Learningeinheit übermitteln. Um diese Fähigkeiten zu erlernen braucht es zwar auf der einen Seite Faktenwissen, auf der anderen jedoch den geübten Umgang und Talent. An dieser Stelle kann man bereits festhalten, dass nicht alle wichtigen Inhalte des Architekturmanagements mittels E-Learning gelehrt werden können.

Die Begrifflichkeiten, die innerhalb des Architekturmanagements verwendet werden sind zum einen allgemeingültige Begriffe und zum anderen solche, die nur im konkreten Projekt oder Unternehmen verwendet werden. Diese Begriffe müssen alle aktiv oder passiv Beteiligten kennen, damit es nicht zu Kommunikationshürden und Missverständnissen kommt. Die Vermittlung dieser Begriffe kann in Textform geschehen. Erklärungen können auch als gesprochener Text realisiert werden, dadurch ist die Umsetzung in Form einer Audio- oder Videodatei möglich.

Organisationsstrukturen in Form von Organigrammen können zwar textuell beschrieben werden, jedoch eignet sich die bildliche Darstellung bzw. eine Animation eher um die Beziehungen zwischen den einzelnen Elementen darzustellen. Ist eine grafische oder animierte Darstellung möglich, kann diese grundsätzlich in Videos eingebunden werden. Dieses gilt auch für die Darstellung der Abläufe. Zwar ist eine textuelle Beschreibung möglich, die grafische Aufbereitung in Bild, Animation oder innerhalb eines Videos sollte jedoch bevorzugt werden. Kontaktlisten und Stellenbeschreibungen hingegen lassen sich einfach in Form von Texten umsetzen.

Die Architekturprinzipien werden textuell dargestellt, da sie in Form von Aussagen vorliegen. Als gesprochener Text können diese wiederum in Video- und Audiodateien eingebunden werden. Standards können in Textform bereitgestellt werden. Bei einigen Standards ist es unter Umständen sinnvoll eine grafische Darstellung bereitzuhalten, um konkrete Objekte und Beziehungen darstellen zu können.

Softwarekartographie

Softwarekarten werden logischerweise grafisch dargestellt, entweder statisch oder als Animation. Da diese Art von Karten komplexe Beziehungen aufzeigen, bedarf es beim Erlernen und beim Lesen dieser Karten Zusatzinformationen. Mittels einer animierten Darstellung ist es möglich logische Zusammenhänge aufzuzeigen, indem einzelne Inhalte angezeigt und aggregiert werden. Zudem können Veränderungen vom Ist-Zustand zum Plan- und Soll-Zustand dargestellt werden. Diese statische oder animierte Darstellung kann in Form von Videos erfolgen und dabei mit gesprochenem Wort ergänzt werden.

Vorgehensweise

Die Vorgehensweise und das Vorgehensmodell im Architekturmanagement benötigen eine Kombination der Medien. In Texten kann das Vorgehen beschrieben und durch eine grafische Darstellung können Abläufe sowie Zusammenhänge verdeutlicht werden. Die Abläufe und Zusammenhänge können auch mit Hilfe von Animationen dargestellt werden. Text und Bild bzw. Animation führen wiederum dazu, dass die Aufbereitung in einem Video realisiert werden kann.

Analysemöglichkeiten

Der Wissensinhalt Analysemöglichkeiten beinhaltet die Analyseverfahren. Diese müssen textuell beschrieben und jeweils mit mathematischen Formeln, bzw. Darstellungen in Form von statischen oder animierten Karten oder Schaubildern verdeutlicht werden. Die Karten ermöglichen eine Darstellung der Zustände innerhalb der Architekturlandschaft und deren Entwicklung. Durch die animierte Darstellung wird die Umsetzung in einem Video möglich. Die Karten, die hier benannt werden entsprechen den Karten aus dem Abschnitt 2.2.3. Weiterhin können via Hypertext verschiedene Übungen bereitgestellt werden, um die Anwendung der Analyseverfahren zu erproben. Ebenfalls in Form von Hypertext können bestehende Templates zur Durchführung der Analysen vorgestellt werden.

EAM-Werkzeuge

Die Werkzeuge, die im EAM bzw. im Architekturmanagement verwendet werden können, sind komplex. Eine rein textuelle Beschreibung von Abläufen innerhalb dieser Anwendungen ist nicht möglich. Texte müssen stets mit Abbildungen der Anwendung verbunden werden. Das kann in Form von bildlichen Ergänzungen der Texte erfolgen oder durch die Verwendung von Animationen, die mit Text verbunden sind, bzw. auch mit dem gesprochenen Wort in Form eines Videos. Der Programmablauf kann zudem grafisch über Screenshots oder in Form eines Videos als Mitschnitt von Desktopaktionen dargestellt werden.

Aus den genannten Umsetzungsmöglichkeiten wird deutlich, dass die mediengestalterische Aufbereitung, in Bezug auf viele Inhalte, nicht eindeutig festgelegt werden kann. Die Umsetzung in mehreren Formen kann möglich sein oder auch nur eine kombinierte Umsetzung.

4.4 Mediengestalterische Aufbereitung je Technik

In diesem Abschnitt wird die mediengestalterische Aufbereitung pro Technik betrachtet, also konkret der Frage nachgegangen, welche gestalterischen Möglichkeiten innerhalb der verschiedenen Lerntechniken gegeben sind. Die folgende Tabelle gibt einen Überblick.

Tab. 4: Mediengestalterische Aufbereitung pro Technik
Quelle: Eigene Darstellung

Technik	Mediengestalterische Umsetzung				
	Text	**Bild**	**Audio**	**Video**	**Animation**
WBTs / CBTs	X	X	X	X	X
CSCL / CSCW	X	X	X	X	X
E-Teaching		X	X	x	X
Simulationen	X	X	X	X	X
Lernportale	X	X	X	X	X
M-Learning	X	X	X	X	X
Weblogs	X	X	X	X	X
Chat	X	(X)	(X)		(X)
Foren, Communities und Social Networks	X	X	X	X	X
Podcasts	X		X		
Videocasts		X	X	X	X
Wikis	X	X	X	X	X
Blended Learning	X	X	X	X	X

Nachfolgend werden die in der Tabelle dargestellten Möglichkeiten der Aufbereitung detailliert betrachtet. Grundlage dafür bildet die Webseite e-teaching.org unter dem Punkt Aufbereitung der Medientechnik. (e-teaching.org, o. J.)

WBTs und CBTs

Innerhalb web- und computergestützter Trainings sind alle aufgeführten Arten der mediengestalterischen Umsetzung möglich. Texte können eingebunden werden und in den einzelnen Ansichten mit Hypertext dargestellt oder auch über einen Link in Form eines PDFs zum Download bereitgestellt werden. Bilder können einzeln oder als Ergänzung eines Texts angezeigt werden. Das kann in Form von Grafiken, Fotos oder Schaubildern erfolgen. Innerhalb dieser Trainings können Audiodateien bereitgestellt sein, die in Form eines Streams direkt angehört oder heruntergeladen werden können. Darin können Gespräche, Hörspiele oder Erklärungen eingebunden werden oder Texte mittels eines Text-to-Speech-Generators.

Videos können ebenfalls eingebunden sein, dabei kann es sich um Videostreams oder Videodownloads handeln, die innerhalb der Lerneinheit oder in einem externen Abspielgerät angeschaut werden können. Diese können in Form von Mitschnitten oder Lehrvideos umgesetzt sein. Animationen können in CBTs und WBTs eingebunden werden um Abläufe und Zusammenhänge genauer darzustellen.

CSCL und CSCW

Texte können in CSCL- und CSCW-Plattformen erzeugt, bearbeitet und rezipiert werden. Diese liegen zumeist als Hypertext vor, da sie in dieser Form am einfachsten bearbeitbar sind. Sind die Texte fertig bearbeitet, können sie bspw. in einer statischeren Form als PDF-Dokument bereitgestellt werden.

Auch Bilder können Bestandteil einer solchen Lehranwendung sein, ebenfalls Audio- und Videodateien in streaming-fähigem oder downloadbarem Format. Bilder können als Foto, Grafik oder als Schaubild realisiert sein.

Videos z.B. als Mittschnitt eines Meetings oder als speziell zielgruppenge-
recht aufbereitetes Lehrmaterial. Animation können auf CSCW- bzw. CSCL-
Plattformen eingebunden werden, z.B. um die Wege der Zusammenarbeit
klarer darzustellen.

E-Teaching

Im E-Teaching werden die Inhalte vom Lehrenden zum Lernenden
gestreamt, dabei können wie innerhalb einer Präsenzpräsentation, z.B. mit
PowerPoint, Bilder in allen Variationen eingebunden werden, ebenso Animationen.

Die Anzeige des Lehrenden kann unterbrochen werden, um Videos anzuzeigen. Audiodateien können ebenfalls eingebunden werden, z.B. um eine besondere Relevanz im Bezug auf eine bestimmte Person darzustellen z.B. die
Worte des CEO.

Längere Texte können nicht dargestellt werden. Es ist jedoch möglich Stichworte anzuzeigen, die durch den Online-Coach ergänzt werden.

Simulationen

Simulationen enthalten in Bezug auf Bebauungsmanagement vornehmlich
die Ansichten des zu simulierenden Anwendungsprogramms. Das bedeutet,
dass die Darstellung der Anwendung über Texte und Bilder umgesetzt wird.
Durch Texte sollten die einzelnen Ansichten ergänzt werden, diese müssen
innerhalb der Simulation sichtbar sein. Sie unterstützen das Verständnis und
stellen wichtige Informationen für die Durchführung des Simulationspro-
gramms bereit.

Einzelne Ansichten können mit Hilfe von Screenshots aus einem Anwendungsprogramm dargestellt werden. Die simulierten Reaktionen des Anwendungsprogramms können durch Animationen oder das konkrete Aufzeichnen der Eingaben und Ausgaben am Realsystem abgebildet werden. Audiokommentare können die Lerneinheit noch abrunden, in dem zu den einzelnen dargestellten Bearbeitungsschritten Kommentare oder Erklärungen ergänzt werden.

Lernportale

Lernportale können wie CBTs und WBTs alle mediengestalterischen Umsetzungen beinhalten. Die Lernportale bieten nicht die Möglichkeit Lehrinhalte direkt anzuzeigen, sondern lediglich einen zentralen Zugriffspunkt auf diverse Lehrinhalte. Texte können als PDF-Download oder als Hypertext im Web dargestellt werden. Bilder aller Art können dabei die Texte und das Portal an sich ergänzen. Video- und Audiodateien können ebenso wie Animationen eingebunden werden.

M-Learning

Beim M-Learning können Inhalte textuell dargestellt werden, für mobile Endgeräte mit kleineren Bildschirmen kann hier eine spezielle Auflösung und Gestaltung der Texte realisiert werden. Das gilt ebenfalls für die Auflösung der Bilder in Form von Fotos, Grafiken oder Schaubildern. Audio- und Videodateien können als Videocasts oder Podcasts bereitgestellt oder direkt aus dem Funknetz gestreamt werden. Die Anzeige von Animation ist ebenfalls möglich.

Weblogs

Weblogs ermöglichen das Einbetten aller Formate, die innerhalb von HTML-Seiten eingebunden werden können. Texte können in Hypertextformat oder als Links zu Texten in anderen Formaten eingeflochten werden. Bilder können sich als Bestandteil der HTML-Seite wiederfinden oder ebenfalls verlinkt sein. Diese Möglichkeiten gelten ebenfalls für Audio- und Videodateien, sowie Animationen. Sie können ergo angezeigt, verlinkt oder herunterladbar sein.

Chat

Innerhalb eines Chats wird vornehmlich in Form von Texten kommuniziert. Die Texte können wiederum durch simple Grafiken und Animationen in Form von ‚Emotikons‘, sowie durch kurze Sounds erweitert werden. Es gibt weiterhin die Möglichkeit Chats um Audio- bzw. Videokanäle zu erweitern. Diese Form des Chats wird innerhalb der Arbeit nicht weiter berücksichtigt werden.

Foren, Communities und Social Networks

Foren, Communities und Social Networks zeigen Inhalte ebenso wie Weblogs und Wikis im HTML-Format an, wodurch die Möglichkeit besteht alle berücksichtigten mediengestalterischen Formen umzusetzen. Es ist also möglich Texte, Bilder, Audio- und Videodateien sowie Animationen dort einzubinden. Diese Formate können direkt innerhalb der HTML-Seite angezeigt werden, verlinkt oder herunterladbar sein.

Podcasts

Podcasts werden in Form von Audiodateien bereitgestellt. Zudem besteht die Möglichkeit, Texte mittels eines Text-to-Speech-Generators in eine

Audiodatei umzuwandeln, um diese als Podcast zu verwenden. Dabei ist jedoch auf die Qualität des Generators zu achten.

Videocasts

Videocasts sind in sich geschlossene Videos, die aufgezeichnetes, bewegtes Bildmaterial anzeigen können. Zudem können jedoch auch statische Bilder oder Animationen eingebunden werden. Diese können mit einem Audiokommentar versehen sein.

Wikis

Innerhalb von Wikis sind Texte, Bilder, Audiodateien, Videos und Animation möglich. Weitere Informationen dazu siehe unter ‚Weblogs‘ und unter ‚Foren, Communities und Social Networks‘.

Blended Learning

Da das Blended Learning nicht direkt eine Technik beschreibt sondern eine mögliche didaktische Umsetzung, kann hier angemerkt werden, dass alle mediengestalterischen Möglichkeiten innerhalb des Blended Learning genutzt werden können. Texte und Bilder, Audiodateien und Videos sowie Animationen sind möglich. Nicht vergessen werden darf dabei die Kombination mit den Präsenzeinheiten, die das Blended Learning auszeichnen.

4.5 Lernsituationen je Rolle

Wie bereits in Abschnitt 3.3 und Folgenden verdeutlicht wurde, hängt die Wahl der Medien von der Lernsituation ab, in der sich ein Lernender befindet. Die nachfolgende Tabelle zeigt auf, in welchen Lernsituationen sich eine der in Abschnitt 4.1 dargestellte Rolle befinden kann. Im Anschluss wird detailliert auf die Lernsituationen pro Lerner eingegangen. Dabei ist zu beachten, dass die Lernsituationen nicht klar voneinander abzugrenzen sind sondern sich gegenseitig beeinflussen und dass eine Lernsituation meist nicht das Gegenteil einer anderen darstellt.

Tab. 5: Lernsituationen pro Rolle
Quelle: Eigene Darstellung

Rolle / Lernsituationen	Architekturteam	Management	Mitarbeiter
Synchrones Lernen	X		X
Asynchrones Lernen	X	X	X
Selbstgesteuertes Lernen	X	X	
Fremdgesteuertes Lernen	X	X	X
Ortsabhängiges Lernen	X		X
Ortsunabhängiges Lernen	X	X	X
Strukturiertes Lernen	X	X	X
Unstrukturiertes Lernen	X	X	
Kollaboratives Lernen	X		X
Einzellernen	X	X	X
Hohe Zeitkapazität	X		X
Geringe Zeitkapazität	X	X	

Nachdem in der vorstehenden Tabelle ein Überblick über die Lernsituationen gegeben wurde, in denen sich eine Rolle befinden kann, wird darauf nachfolgend genauer eingegangen.

4.5.1 Architekturteam

Die Architekten und Domänenbesitzer bzw. -experten haben gemeinsam, dass sie aktiv an der Gestaltung der Architektur Anteil haben. Das bedeutet, dass sie im Vergleich zu den anderen Gruppen im Bebauungsmanagement den größten Wissens- bzw. Informationsbedarf haben. Die Mitglieder des Architekturteams müssen sich folglich intensiv mit dem Thema auseinandersetzen und sich dafür auch die Zeit nehmen bzw. sie eingeräumt bekommen. Sind die Grundlagen erlernt, müssen Informationen bedarfsgerecht nachgeschlagen werden können. Das Nachschlagen bezieht sich auf konkrete Wissensbedarfe oder auf das Auffrischen von Informationen.

Das Architekturteam nimmt eine besondere Rolle in der Wissensübermittlung ein. Es rezipiert nicht nur Informationen sondern ist vornehmlich auch an der Wissensbereitstellung für die Gruppe der Manager und der Mitarbeiter beteiligt.

Synchrones Lernen ist eine Möglichkeit für die Mitglieder des Architekturteams. Die Domänenexperten und -besitzer können bspw. gemeinsam die Grundlagen erarbeiten. Sie haben beide einen großen Informationsbedarf und ähnliche Voraussetzungen, daher würde es sich anbieten, hier gemeinschaftlich zu lernen.

Ebenfalls böte es sich für die Architekten der unterschiedlichen Bereiche an, die bereichsübergreifenden Informationen gemeinsam zu erarbeiten. Ein weiterer Vorteil des gemeinsamen Erarbeitens des Stoffes ist der Austausch über diesen und das gemeinsame Klären von aufkommenden Fragen. Somit können innerhalb des Teams Inhalte besser aufbereitet und Rückfragen rascher beantwortet werden.

Asynchrones Lernen eignet sich für das Auffrischen der Informationen oder das Nachschlagen bei einem konkreten Wissensbedarf. Eine weitere Möglichkeit des asynchronen Lernens wäre die gemeinsame Informationsgenerierung und der Informationsaustausch bei verteilten Teams, wenn über Kontinente hinweg gearbeitet wird und man z.B. Zeitverschiebungen überbrücken muss.

Das selbstgesteuerte Lernen unterstützt die individuellen Wissensbedarfe der Architekturteammitglieder, z.B. bei bereichsspezifischen Informationen. Denn das Interesse an Infrastrukturthemen wird beim Infrastrukturarchitekten ausgeprägter sein als beim Geschäftsarchitekten. Daher sollte die Möglichkeit bestehen solche individuellen Themen selbstgesteuert erarbeiten zu können. Diese Art des Lernens ist möglich, da die Projektbeteiligten ein persönliches Interesse an den Architekturthemen entwickeln, also intrinsisch motiviert sind, da sie am Erfolg des Projekts gemessen werden und dabei den Anspruch haben sollten, das, was sie machen, gut zu machen.

Weitere Beispiele für selbstgesteuertes Lernen wären die individuelle Vorbereitung auf Projektmeetings, also das selbstgesteuerte Erreichen von Wissensmeilensteinen. Dabei ist das Ziel vorgegeben, die Informationsbeschaffung liegt beim Lerner selbst. Hier kann das eigene Lerntempo eingehalten werden. Dafür ist jedoch die Zeit- und Ortsunabhängigkeit unumgänglich und die Möglichkeit, Wissensquellen nach Belieben auszuwählen, muss gegeben sein.

Die Grundlagen des Bebauungsmanagements müssen allen Beteiligten bereitgestellt werden und zwar so, dass es nicht zu Missverständnissen kommen kann. Dafür sollte fremdgesteuertes Lernen gewählt werden, da dabei die Information von zentraler Stelle für alle gleichermaßen aufbereitet wird.

Die Mitglieder des Architekturteams müssen zu Beginn der Architekturprojekte Zeit haben, um sich in die Thematiken einzuarbeiten. Das kann am Arbeitsplatz, also ortsgebunden geschehen. Während des Projekts gilt es ebenfalls Informationen aufzunehmen und weitere Details nachzuschlagen. Dafür eignet sich besonders das ortsunabhängige Lernen, da die Beteiligten zeitlich stark in die Projekte eingebunden sind und sich weniger an Ihren Arbeitsplätzen befinden als in Architekturmeetings und Projektarbeitsgruppen. Hier bestehen nur kurze Zeitintervalle um Informationen nachzuschlagen bzw. die Leerzeiten zwischen einzelnen Veranstaltungen zum Erarbeiten neuer oder zum Auffrischen bekannter Informationen zu nutzen. Zudem können die Leerzeiten auf den Wegen von einem Meeting zum nächsten oder von einem Standort zum nächsten genutzt werden. Die Lerninhalte könnten dann mit auf die ‚Reise‘ genommen werden.

Methoden und Inhalte, die für alle Beteiligten relevant sind, können kollaborativ übermittelt und angeeignet werden. Das Auffrischen und Vertiefen der individuell relevanten Informationen, z.B. spezielle Analysemöglichkeiten lassen sich leichter mit Einzellernen aufarbeiten. Denn beim Einzellernen kann zielgerichteter auf spezielle Themen eingegangen werden.

Eine hohe Zeitkapazität sollte den Mitgliedern des Architekturteams zu Beginn des Architekturmanagements zur Verfügung stehen, da Zeit für die Einarbeitung benötigt wird. Während des laufenden Projekts schrumpft dahingehen die Zeitkapazität. Inhalte sollten dann in kleineren Lerneinheiten bereitgestellt werden.

4.5.2 Management

Die Arbeitssituation der Manager zeichnet sich durch eine geringe Zeitkapazität und ein hohes Maß an Verantwortung durch ihre Entscheidungsmacht aus.

Für den Manager bietet sich das asynchrone Lernen an, denn dabei muss er bei knapper Zeitkapazität nicht auf die Zeitfenster anderer Rücksicht nehmen und es besteht trotzdem die Möglichkeit der Interaktion bzw. Kommunikation mit Kollegen.

Manager werden es vorziehen, die Entscheidung über das wie, wann und wo des Lernens selbst zu fällen. Daher werden sie Ansätze des selbstgesteuerten Lernens präferieren. Ihre Motivation ist intrinsisch und entsteht ebenso wie innerhalb des Architekturteams daraus, dass sie auf Basis ihrer Entscheidungen am Projekterfolg beteiligt sind und daher ein Informationsinteresse haben.

Fremdgesteuertes Lernen sollte für das Erarbeiten der Grundlagen berücksichtigt werden, damit alle Manager über die gleiche Wissensbasis verfügen. Diese Form des Lernens kann berücksichtigt werden, wenn die Zeit für die Informationsaufnahme gering ist. Für den Manager können ebenfalls fremdgesteuert kleine Übersichtsmodule bereitgestellt werden, die einen ersten Einblick und eine Eingrenzung des Themas darstellen und zum selbstgesteuerten Lernen weiteranregen.

Ein Manager wird vornehmlich ortsunabhängiges Lernen bevorzugen, da er sich in seinem Arbeitsalltag wenig am Arbeitsplatz befinden wird. Der Manager, egal ob auf oberer oder mittlerer Managementebene, wird sich zumeist in Team- und Projektmeetings aufhalten oder mit Kunden in Kontakt stehen. Er sollte die Möglichkeit haben, die Lerninhalte in kurzen, flexiblen Einheiten zu rezipieren. Also zwischen Meetings oder unterwegs, z.B. im Zug oder Flugzeug bzw. im Auto oder auch zuhause.

Manager werden Einzellernen, da sie wenig Zeit für das Lernen haben und beim Einzellernen nicht von anderen abhängig sind. Sie müssen sich mit niemandem abstimmen und sich nicht an den Lernrhythmus eines anderen anpassen.

4.5.3 Mitarbeiter

Das Interesse der Mitarbeiter am Architekturmanagement ist ein reines Informationsinteresse. Die Mitarbeiter haben in der Regel die zeitliche Möglichkeit am Arbeitsplatz zu lernen, müssen jedoch von außen dazu motiviert werden. Da es eine große Zahl Mitarbeiter mit reinem Informationsinteresse gibt eignet sich das synchrone Lernen bei dem gleichzeitig viele Mitarbeiter angesprochen werden. Ebenfalls kann das asynchrone Lernen in Betracht gezogen werden dabei wird der Koordinationsaufwand für eine große Zahl an Lernenden minimiert.

Das Lernen für diese Zielgruppe sollte fremdgesteuert realisiert werden, da die Motivation für das Thema nicht aus dem reinen Interesse des Lernenden selbst entsteht. Der Mitarbeiter sollte daher verpflichtet werden, sich mit den Grundlagen des Architekturmanagements auseinanderzusetzen. Durch Auszeichnungen bzw. Zertifikate kann die Motivation gefördert werden.

Da der Großteil der Mitarbeiter am Arbeitsplatz lernen wird, kann ortsabhängiges Lernen realisiert werden. Für Mitarbeiter im Außendienst wäre das ortsunabhängige Lernen ebenfalls zu betrachten.

Dem Mitarbeiter sollten die Informationen strukturiert bereitgestellt werden, da der Zeitaufwand und die Motivation keine unstrukturierte Informationsbeschaffung rechtfertigen würden. Das wird ebenso durch die Fremdsteuerung der Inhalte bedingt.

Für die Mitarbeiter eignet sich das kollaborative Lernen. Durch das Gemeinschaftsgefühl kann die Motivation gesteigert werden und es können gleichzeitig mehrere Mitarbeiter mit gleichem Informationsinteresse angesprochen werden. Einzellernen kann ebenfalls realisiert werden. Die Bereitstellung von in sich geschlossenen Lerneinheiten, die der Mitarbeiter selbstständig durchführen kann würde sich hier anbieten.

4.6   Technische Realisierung je Lernsituation

Dieser Abschnitt verbindet die technischen Umsetzungsmöglichkeiten mit den jeweiligen Lernsituationen. Nicht jede Lernsituation lässt jede Art der Nutzung technikgestützter Lernumgebungen zu. Die nachfolgende Tabelle gibt einen Überblick welche Techniken pro Lernsituation möglich sind.

Lern-situationen	Technische Realisierung												
	WBTs / CBTs	CSCL / CSCW	E-Teaching	Simulationen	Lernportale	M-Learning	Weblog	Chat	Foren, Communities, Social Networks	Podcasts	Videocast	Wikis	Blended Learning
Synchrones Lernen		X	X					X					
Asynchrones Lernen		X	X				X	X	X	X	X	X	
Selbstgesteuertes Lernen	X				X	X	X		X	X	X	X	
Fremdgesteuertes Lernen	X		X	X	X			X					
Ortsabhängiges Lernen	X		X	X									
Ortsunabhängiges Lernen	X	X				X	X		X	X	X	X	
Strukturiertes Lernen	X		X	X		X				X	X		

Lern-situationen	Technische Realisierung												
	WBTs / CBTs	CSCL / CSCW	E-Teaching	Simulationen	Lernportale	M-Learning	Weblog	Chat	Foren, Communities, Social Networks	Podcasts	Videocast	Wikis	Blended Learning
Unstruktu-riertes Lernen							X		X	X	X	X	
Kollaborati-ves Lernen		X						X	X			X	
Einzel-lernen	X			X	X	X				X	X	X	
Hohe Zei-kapazität	X		X			X	X		X	X	X	X	
Geringe Zeit-kapazität						X			X	X	X		

Nachdem in der Tabelle ein Überblick gegeben wurde welche technischen Realisierungen pro Lernsituation möglich sind, werden die jeweiligen Schnittpunkte der jeweiligen Lernsituation genauer betrachtet.

4.6.1 Synchrones Lernen

Beim synchronen Lernen eignen sich besonders Techniken, die das kollaborative Arbeiten unterstützen. Innerhalb von CSCW- bzw. CSCL-Umgebungen können Inhalte gemeinsam erarbeitet und bearbeitet werden.

Das bedeutet dass Inhalte nicht nur rezipiert sondern auch verändert oder erstellt werden können. In diesen technischen Realisierungen besteht außer dem gemeinsamen Zugriff auf Inhalte meist auch die Möglichkeit der Kommunikation der Teilnehmer. Somit können schnell und einfach, beim Bearbeiten bzw. Lernen, Fragen geklärt werden. Das kann bspw. in Form von Chats, Threads oder auch mit Hilfe von Telefon- oder Videokonferenzen realisiert sein. Ein weiterer Pluspunkt für das synchrone Lernen ist, dass durch die Beteiligung mehrerer Personen die Möglichkeit geschaffen wird innerhalb einer Lerneinheit unterschiedliche Rollen einzunehmen.

Synchron können auch virtuelle Seminare bzw. das E-Teaching erfolgen. Hierbei kann ein Lehrender mehrere Lernende auf einmal ansprechen. Dabei können ebenfalls in einer direkten Interaktion zwischen Lehrenden und Lernenden Fragen beantwortet werden. Die Technik des Chats bietet allen Lernenden und Lehrenden ebenfalls die Möglichkeit sofort miteinander zu kommunizieren und mögliche Fragen und Missverständnisse zu beseitigen.

4.6.2 Asynchrones Lernen

Das asynchrone Lernen wird bspw. über Techniken wie CSCW und CSCL ermöglicht. Dabei besteht die Möglichkeit gemeinsam auf dieselben Inhalte zuzugreifen, was auch zeitversetzt geschehen kann. Der eine Lernende erledigt z.B. eine Aufgabenstellung, die bedingt, dass ein anderer Lernender wiederum eine Folgeaufgabe lösen muss. Durch diese Interaktion wird die Motivation gefördert und die Möglichkeit gegeben, dass der Lernende sich zwar nicht gänzlich flexibel einbringen kann, jedoch ist ein Zeitfenster für die Bearbeitung der Lerneinheiten möglich. Somit kann der individuelle Lernrhythmus berücksichtigt werden.

Das E-Teaching ermöglicht synchrones Lernen. Wird jedoch eine E-Teaching-Einheit beispielsweise mittels Videocasting aufgezeichnet, kann sie zum asynchronen Erlernen oder Auffrischen des Stoffes bereitgestellt werden. Die Rezipienten können dann zeit- und ortsunabhängig von Anderen auf Inhalte zugreifen.

Mit Weblogs kann asynchron gelernt werden. Innerhalb dieser können Informationen bereitgestellt, bearbeitet und ergänzt werden. Der Zugriff auf Weblogs ist nicht an Zeiten gebunden und ermöglicht dem Lerner nach seinen eigenen Bedürfnissen darauf zuzugreifen oder Inhalte zu bearbeiten und einzustellen.

Ebenso wie bei Weblogs kann das auch innerhalb von Foren, Social Networks oder Communities realisiert werden. Je nach zeitlichem Belieben können die Lerner unabhängig von Anderen auf die Inhalte zugreifen oder selbst aktiv werden. Die Kommunikation zwischen den Lehrenden und/oder den Lernenden wird dabei ermöglicht. Somit kann auf Fragen eingegangen und Missverständnisse geklärt werden. Eine Kommunikation kann zudem mittels eines Chats ermöglicht werden. Der Chat kann hierbei synchron oder asynchron, über die Zwischenspeicherung auf den Chat-Server, realisiert werden.

Videocasts wurden bereits als Möglichkeit genannt, asynchrones Lernen umzusetzen. Podcasts eignen sich ebenfalls für das asynchrone Lernen. Mit Wikis können Inhalte asynchron abgerufen und bearbeitet werden. Das funktioniert ähnlich den Social Networks, jedoch wird keine direkte Kommunikationsmöglichkeit berücksichtigt.

4.6.3 Selbstgesteuertes Lernen

Mit WBTs und CBTs kann bis zu einem gewissen Grad selbstgesteuertes Lernen ermöglicht werden. Durch die Interaktion mit dem System kann der Lernweg individuell beschritten werden, entweder durch die Auswahl durch den Lernenden oder durch das bereits erarbeitete Wissen des Lernenden. Die Lerninhalte müssen dabei jedoch alle rezipiert und bearbeitet werden. Somit entsteht eine Kombination von fremd- und selbstgesteuertem Lernen.

Innerhalb von Lernportalen geht es nicht um die konkrete technische Umsetzung der einzelnen Inhalte, sondern um die Bereitstellung derer. Lernportale ermöglichen einen eigeninitiierten Zugriff auf die Inhalte und unterstützen somit das selbstgesteuerte Lernen.

Mit Hilfe von M-Learning lässt sich das selbstgesteuerte Lernen einfach realisieren. Der Lernende kann einzelne Lernmodule und Informationen in unterschiedlicher Form nach Belieben auf das Mobiltelefon, den Tablet PC oder das Notebook laden, bzw. sich diese Inhalte innerhalb von Funknetzen herunterladen und nach Belieben rezipieren.

Weblogs ebenso wie Foren, Communities und Social Networks oder auch Wikis ermöglichen den Zugriff auf Inhalte von verschiedenen Orten aus. Das bedeutet Informationen können zuhause, am Arbeitsplatz, im Zug oder im Cafe über stationäre oder mobile Endgeräte abgerufen werden.

Podcasts und Videocasts ermöglichen die selbstständige Auswahl der einzelnen Dateien und auch das zeitlich und örtlich ungebundene Rezipieren der Inhalte auf verschiedenen Medien.

4.6.4 Fremdgesteuertes Lernen

Das fremdgesteuerte Lernen wird dann bevorzugt, wenn wenig Zeit zum Lernen zur Verfügung steht, die Motivation gering ist oder eine große Gruppe an Lernern dieselben Inhalte übermittelt bekommen soll.

Dazu eignen sich vornehmlich WBTs und CBTs sowie das E-Teaching. Bei den WBTs und CBTs ist der Ablauf des Lernens zumeist starr vorgegeben. Es wird also in einer vorgegebenen Reihenfolge gelernt und die einzelnen Lerneinheiten können einer großen Zahl an Lernern bereitgestellt werden. Das kann asynchron erfolgen. Die gleichen Ziele können in einer synchronen Form mit Hilfe des E-Teaching umgesetzt werden.

Simulationen ermöglichen es, festgelegte Programmabläufe zu proben, ohne auf die konkreten Programme zuzugreifen. Der Ablauf kann zwar durch Eingaben beeinflusst werden, jedoch sind selbst diese Abweichungen vom Ersteller des Lernmoduls vorgegeben.

Innerhalb von Lernportalen können fremdgesteuerte Lernmodule angeboten werden. Das Lernmodul selbst ermöglicht die selbstgesteuerte Selektion von Inhalten.

Der Chat ist klar fremdgesteuert. Zur Kommunikation müssen alle Gesprächspartner verfügbar sein, daher steuern diese sich gegenseitig in Bezug auf die Nutzung.

4.6.5 Ortsabhängiges Lernen

Das ortsabhängige Lernen bindet den Lerner an einen bestimmten Ort. Das geschieht bspw. bei der Nutzung von WBTs und CBTs, wenn diese aufgrund einer internen Sicherheitsrichtlinie nur innerhalb des Unternehmens abrufbar sind. Wird das Lernmodul gestartet, muss es an einem Ort gänzlich durchgearbeitet werden.

Beim E-Teaching ist der Lernende auch an einen festen Ort gebunden. Zwar könnte z.B. durch die Videotelefonie auf mobilen Endgeräten eine Kommunikation unterwegs ermöglicht werden, jedoch bietet sich das nicht an bei den geringen Bandbreiten und Latenzzeiten in kabellosen Netzen. Somit ist der Lernende beim E-Teaching an den Rechner bzw. das Videokonferenzzimmer gebunden, worüber die Lerneinheit realisiert wird.

Simulationen erfordern wiederum ein ortsabhängiges Lernen, auch wenn das Lernen, wie oben beschrieben, portabel realisiert werden könnte. Es eignet sich jedoch vornehmlich Simulationen am Arbeitsplatz zu bearbeiten, also an dem Platz an dem man das erlernte Programm anwendet.

4.6.6 Ortsunabhängiges Lernen

Mit Hilfe von M-Learning wird die Mitnahme von Lerninhalten ermöglicht. Tablet PCs, Mobiltelefone oder Notebooks ermöglichen es jegliche Formate an jeden Ort mitzunehmen und von verschiedenen Orten auf die Inhalte zuzugreifen. Hierzu kann natürlich auch auf die Mitnahme von CBTs auf einem Notebook gerechnet werden. Mit WBTs besteht die Möglichkeit via Notebook über das Internet von verschiedenen Orten auf die Inhalte zuzugreifen.

Nicht nur mobil sondern bspw. auch zuhause oder an einem anderen Standort kann auf Weblogs, Foren, Communities, Social Networks und Wikis zugegriffen werden. Mittels Podcasts und Videocasts wird sowohl die orstunabhängige Mitnahme der Inhalte als auch der orstunabhängige Zugriff auf die Inhalte ermöglicht.

Diese Form des Lernens kann auch mittels CSCW oder CSCL umgesetzt werden. Diese Plattformen sind ebenfalls von unterschiedlichen Orten zugänglich.

4.6.7 Strukturiertes Lernen

Strukturiertes Lernen kann mit CBTs und WBTs realisiert werden. Dabei sind der Modulablauf und die zu übermittelnden Informationen vorgegeben. Der Lerner nimmt lediglich Informationen auf. Auch beim E-Teaching werden die Inhalte vom Online-Tutor bereitgestellt und von den Lernenden rezipiert. Die Inhalte und die Reihenfolge dieser sind durch den Lerner nicht zu steuern.

Bei Simulationen ist der Ablauf des einzelnen Lernmoduls vorgegeben. Abweichungen können lediglich durch Eingaben bedingt werden, diese werden jedoch vom Lehrenden oder Modulersteller so vorgegeben.

Im M-Learning ist es möglich, vorgegebene Inhalte zu rezipieren. Dabei können Informationen z.B. via Video oder Text übermittelt werden und mit Hilfe von Multiple Choice Fragen kann der Lernerfolg überprüft werden.

Podcasts und Videocasts können zwar unstrukturiert ausgesucht werden, der Ablauf innerhalb der einzelnen Datei ist dahingegen starr und kann nicht

individuell verändert werden. Die Inhalte werden vom Ersteller in einer un-
veränderbaren Form vorgegeben.

4.6.8 Unstrukturiertes Lernen

Beim unstrukturierten Lernen darf nicht vergessen werden Lernziele vorzu-
geben, damit Ergebnisse mit dieser Art des Lernens erzielt werden können.
Innerhalb von Weblogs, Wikis, Foren, Communities und Social Networks
können Inhalte vom Lernenden ausgewählt werden und der Lerner kann das
rezipieren, dass ihn interessiert. Der Inhalt ist zu Beginn nicht zwangsläufig
vollständig vorgegeben, sondern kann sich im Laufe der Zeit entwickeln.

Podcasts und Videocasts haben zwar in der jeweiligen Datei einen fest vorgegebenen Informationsweg, die Auswahl und die Reihenfolge in der der
Lernende diese Dateien rezipiert, ist dahingegen unstrukturiert.

4.6.9 Kollaboratives Lernen

Durch die Realisierung von Lerneinheiten mit CSCL- und CSCW-Werkzeugen
ist das wechselseitige Arbeiten an einer Sache, bzw. das wechselseitige Lernen möglich. Dabei werden synchrones und asynchrones Lernen unterstützt.
Inhalte werden auf die CSCL- oder CSCW-Plattform gestellt und können dort
von mehreren Lernern oder Lehrenden abgerufen oder bearbeitet werden.
Dabei wird technisch die Kommunikation zwischen den Beteiligten gefördert.

Innerhalb eines Chats geht es ausschließlich um Kommunikation. Daran
müssen mindestens zwei Personen beteiligt sein, somit entsteht eine
kollaborative Interaktion. Foren, Communities und Social Networks sowie

Wikis ermöglichen das gemeinschaftliche Rezipieren und Erstellen von Informationen an einem zentralen Punkt von unterschiedlichen Orten aus.

4.6.10 Einzellernen

Das Einzellernen kann mittels WBTs und CBTs ermöglicht werden. Dabei werden die Lerneinheiten auf das Rezipieren für jeweils eine Person zugeschnitten. Die Interaktion mit anderen Personen entfällt. Eine Interaktion kann lediglich in Form von Erfolgstest mit dem System selbst erfolgen.

Simulationen sind auf das Einzellernen zugeschnitten. Sie sollen für einen Nutzer die Reaktionen auf Eingaben innerhalb eines Systems darstellen. Hierbei kann die Interaktion mit anderen Nutzern simuliert werden, um realistische Lernbedingungen zu schaffen.

Lernportale ermöglichen dem Einzelnen auf die gewünschten, bzw. benötigten Inhalte zuzugreifen. Dabei ist keine Interaktion mit Anderen notwendig. M-Learning kann zwar auch in Verbindung mit Kommunikationsmedien verwendet werden, in dieser Betrachtung soll es jedoch als eine Möglichkeit gesehen werden, die Lerninhalte für eine Person an unterschiedlichen Orten bereit zu stellen. Damit hat der Lernende die Chance, unabhängig von Ort, Zeit und anderen Lernern oder Lehrenden, die Inhalte aufzunehmen.

Podcasts und Videocasts sind dazu konzipiert, um von einzelnen Individuen aufgenommen zu werden. Sie können an Rechnern oder auf portablen Geräten abgespielt werden.
Das reine Rezipieren eines Wikis ist im Einzellernen verwurzelt. Hier geht es lediglich um die Anzeige der Informationen unabhängig von anderen Lernern.

4.6.11 Hohe Zeitkapazität

Hat der Lernende eine hohe Zeitkapazität können ihm umfassende Informationen bereitgestellt werden und umfangreiche Lernerfolgsüberprüfungen stattfinden. Das kann bspw. mittels CBTs oder WBTs realisiert werden. Hierbei können Lernmodule nicht nur mehrere Minuten sondern sogar mehrere Stunden an Zeit beanspruchen.

Das E-Teaching benötigt ebenfalls einen größeren Zeitbedarf, vor allem auch um den Aufwand der Umsetzung zu rechtfertigen. Die Umsetzung der virtuellen Seminare benötigt viel Vorbereitung und technische Ausrüstung.

Ist eine hohe Zeitkapazität vorhanden kann jedoch auch jede Form des selbstgesteuerten und unstrukturierten Lernens verwendet werden, wie z.B. die Informationsbeschaffung via Foren, Communities, Social Networks, Wikis und Weblogs. Das Rezipieren von Podcasts und Videocasts, sowie der Infoabruf an unterschiedlichen Orten kann mittels M-Learning umgesetzt werden.

4.6.12 Geringe Zeitkapazität

Hat ein Mitarbeiter bzw. Lerner nur eine geringe Zeitkapazität kann das bedeuten, dass der Lerner mehrere kleinere Zeitintervalle zur Verfügung hat oder hin und wieder einen größeren Zeitintervall um Informationen aufzunehmen.
Mittels M-Learning werden die kurzen Zeitintervalle gut bedient. Dort können Texte oder auch Podcasts und Videocasts rezipiert werden. In Foren, Communities und Social Networks hat der Lerner ebenfalls die Möglichkeit in kurzen freien Zeitintervallen auf die Informationen zuzugreifen.

Generell muss beachtet werden, dass ein Lerner, der im Arbeitsalltag in Summe wenig Zeit zum Lernen hat, die Informationen aggregierter bereitgestellt bekommt als ein Lerner mit mehr Zeit. Die Dauer der Lernmodule sollte sich an den freien Zeiten orientieren, die dem Lernenden zur Verfügung stehen.

4.6.13 Blended Learning

Blended Learning wurde in Tabelle 6 nicht berücksichtigt, da es keine konkrete technische Realisierung darstellt sondern einen Methodenmix, der generell bei der Umsetzung von Lerninhalten berücksichtigt werden kann. Blended Learning kann auf jede Lernsituation angewendet werden. Dabei ist zu berücksichtigen, dass das Blended Learning alle Techniken des E-Learning umsetzen kann, jedoch nur in der Verbindung mit Präsenzveranstaltungen. Das bedeutet Blended Learning kann alle aufgeführten E-Learning Techniken enthalten.

4.7 Mögliche Lernszenarien

In den vorangegangenen Abschnitten wurde der mögliche Weg von der einzelnen Rolle bis hin zur technischen Realisierung aufgezeigt. Daraus wird deutlich, dass eine Vielzahl an Kombinationen und möglichen Umsetzungen denkbar sind. Nicht alle diese Möglichkeiten ergeben immer Sinn oder lassen sich in der Unternehmensrealität umsetzen.
Die aufgezeigten Möglichkeiten wollen als Anregung verstanden sein, welche Fülle an Umsetzungsmöglichkeiten bei einer Realisierung in Betracht gezogen werden kann. Nachfolgend werden exemplarisch sinnreiche Szenarien aufgezeigt, die in einem Unternehmen in der Art umgesetzt werden könnten. Dabei wird jeweils von den drei Rollen „Architekturteam", „Mana-

gement" und „Mitarbeiter" aus betrachtet, wie die Inhalte unter Berücksichtigung der Lernszenarien und mediengestalterischen Möglichkeiten sinnvoll bereitgestellt werden können.

4.7.1 Architekturteam

Die Mitglieder des Architekturteams können die Grundlagen des Architekturmanagements in Form von E-Teaching erlernen. Das beinhaltet konkret die Begrifflichkeiten, die Organisationsstrukturen, die Architekturprinzipien und die Standards.

Die Übermittlung der Grundlagen mittels E-Teaching kann an mehreren Standorten gleichzeitig durchgeführt werden. Die Lernenden können sich dabei pro Standort zusammenschließen und dieses virtuelle Seminar gemeinsam besuchen. Das kann bspw. innerhalb eines Besprechungsraumes mittels eines Beamers und einer Soundanlage oder innerhalb eines Videokonferenzraums erfolgen. Hierbei wird ein synchrones Lernen der Mitglieder des Architekturteams realisiert.

Diese Form bietet sich für die Einführung in das Thema an, da alle Beteiligten gemeinsam über die Grundlagen informiert werden. Dabei können auch direkt Fragen an den Online-Coach und andere Teilnehmende gestellt werden. Die Kommunikation kann via Telefon oder Chat realisiert werden. Zudem wird die Face-to-Face-Kommunikation der Beteiligten pro Standort ermöglicht. Dabei werden bereits die zu lernenden Begriffe angewendet und die Kommunikationskompetenz gefördert.

Diese Art des Lernens ist fremdgesteuert und strukturiert. Alle Beteiligten erhalten dieselben Grundlageninformationen. In Form der gemeinsamen

Lernaktivitäten pro Standort wird die Ortsabhängigkeit in Kauf genommen, um die Kommunikation und das Kennenlernen der Teilnehmer zu fördern. Die Lernenden müssen bei dieser Umsetzung viel Zeit investieren, diese muss den Beteiligten zu Projektbeginn eingeräumt werden. Kann ein Beteiligter nicht an den gemeinsamen Veranstaltungen an einem Standort teilnehmen, kann er von verschiedenen anderen Orten, an denen er an das Internet angebunden ist, an dem virtuellen Seminar teilnehmen.

Die mediengestalterische Aufarbeitung kann beim E-Teaching in allen Facetten genutzt werden. Begrifflichkeiten können in Form von Stichworten, ähnlich einer PowerPoint-Präsentation, für die Lernenden bereitgestellt und durch den Online-Coach ergänzt werden. Die Organisationsstrukturen und -prozesse können in Form von statischen oder dynamischen Grafiken, also Animationen dargestellt werden. Diese Darstellungsformen können zudem durch Fotos ergänzt werden, die eine Identifikation mit den Strukturen und den Verantwortlichen vereinfachen. Die Architekturprinzipien können textuell als Stichworte oder in kurzen Sätzen angegeben werden. Diese können innerhalb der Präsentation im E-Teaching mit Aussagen, in Form von audio und audiovisuellen Einspielern ergänzt werden. Das eignet sich, wenn Personen aus dem Management oder aus der Wirtschaft überzeugend solche Architekturprinzipien ausformuliert haben.
Die Standards werden ebenfalls als Stichworte angezeigt und vom Online-Coach mit Erklärungen versehen. Handelt es sich z.B. um Hardware, die standardmäßig eingesetzt werden muss kann diese auch abgebildet werden. Logische Verbindungen können durch Grafiken ergänzt sein, um das Verständnis der Lernenden zu fördern. Die Erklärung der einzelnen Standards ist elementar, damit die Lernenden verstehen, warum bspw. Microsoftprodukte vor Produkten von IBM eingesetzt werden.

Das gesamte E-Teachingmodul kann als Videostream oder in kleinere Einheiten als Videocast zum Download bereitgestellt werden, um den Teilnehmern die Möglichkeit zu geben, gewisse Inhalte noch einmal nachzuvollziehen. Dabei wird die Möglichkeit geboten diese Inhalte asynchron abzurufen.

Weitere Inhalte können mittels WBTs bereitgestellt werden. Dabei wird durch die fremdgesteuerte und zumeist strukturierte Umsetzung gewährleistet, dass alle Teilnehmenden dieselben Informationen übermittelt bekommen, ergo dasselbe lernen. Der Umfang der Informationen, die bereitgestellt werden, ist vorgegeben, also fremdgesteuert. Das Erlernen der Informationen kann jedoch selbstgesteuert realisiert werden. Das bedeutet dass der Lernweg durch die bereitgestellten Informationen vom Lerner selbst gewählt werden kann.

Zwar wird eine hohe Zeitkapazität gefordert, da aber die Inhalte gelernt werden müssen, ist das unumgänglich. Durch diese Technik können die Lernenden frei entscheiden wann sie lernen wollen. Es muss lediglich ein Zeitpunkt feststehen zudem alle Teilnehmer die WBTs durchgeführt haben müssen.

Die weiteren Inhalte, konkret die Softwarekarten, die Vorgehensweise, die Analysemöglichkeiten und die EAM-Werkzeuge lassen sich ebenfalls via WBT übermitteln, daher wäre es sinnvoll bei dieser Technik zu bleiben, da die Lernenden bereits im Umgang mit dieser geübt sind. Die Softwarekarten lassen sich als statische Grafik oder als Animation in ein WBT einbinden und mit Text oder mittels eines Audiokommentars ergänzen. Bei der Vorgehensweise muss die geplante Vorgehensweise selbst übermittelt werden sowie das dazugehörige Vorgehensmodell. Die Vorgehensweise kann textuell beschrieben und durch Grafiken, Piktogramme und Schaubilder angereichert werden. Ebenfalls sind Animationen möglich und die Kombination von sichtbaren und hörbaren Elementen.

Bei den Analysemöglichkeiten sollten die Grundlagen übermittelt werden. Das kann in Textform, ergänzt durch Animationen und Karten erfolgen. Jedoch gehört zu den Analysemöglichkeiten, diese auch anzuwenden und nicht nur die theoretische Funktion zu erlernen. Das kann systemseitig mit Übungen realisiert werden oder durch das Anwenden innerhalb einer Präsenzveranstaltung.

Die Nutzung der Werkzeuge für Architekturmanagement kann ebenfalls mit WBTs erlernt werden. Das Erlernen von Anwendungsprogrammen bietet sich im Rahmen des E-Learnings an, da am Ort der künftigen Nutzung gelernt werden kann. In Form von Simulationen können dabei die Abläufe bei der Programmnutzung dargestellt werden. Es verringert sich der Aufwand für eine zusätzliche Technik wenn Simulationen innerhalb eines WBTs dargestellt werden. Dabei kann der Ablauf Schritt für Schritt bildhaft dargestellt und textuell oder verbal ergänzt werden. Es besteht weiterhin die Möglichkeit Videos des Ablaufs einzubinden. Somit können Screen-Capture-Simulationen und Point-and-Click-Simulationen umgesetzt werden.

Die Analysemethoden müssen im Rahmen einer Blended Learning-Strategie innerhalb von Präsenzveranstaltungen geübt werden. Dabei bietet es sich an, Workshops mit den Mitgliedern der Architekturteams durchzuführen, in denen die Kommunikationskompetenz und die Methodenkompetenz in Bezug auf gemeinsames Arbeiten und eine gemeinsame Problemlösung erlernt werden kann sowie das Erproben von Analysemethoden.

Dem Architekturteam sollte ein virtueller Ort bereitgestellt werden, der zeit- und ortsunabhängig erreichbar ist, um die Möglichkeit zu bieten, bei Fragen Informationen nachschlagen zu können. Dazu bietet sich ein Wiki an, in dem alle Grundlageninformationen und die während der WBT erstellten Videos hinterlegt sind. Diese Videos können dann als Videocast zum Download bereitgestellt werden. Dadurch wird den Mitgliedern des Architekturteams ermöglicht, Inhalte ortsungebunden z.B. auf M-Learning-fähigen Endgeräten noch einmal aufzufrischen. Wikis bieten einen sicheren Ort um Informationen zu finden und können so konzipiert sein, dass die Mitglieder des Architekturteams die Möglichkeit haben, die Einträge anzupassen und zu erweitern, wenn diese sich im Laufe des Architekturmanagements verändern. Somit wäre auch der Bedarf nach kollaborativem Arbeiten gedeckt.

Zur Förderung der Kommunikation innerhalb des Architekturteams und zum asynchronen Austausch, z.B. bei Teams, die international zusammenarbeiten, eignet sich ein Forum. Innerhalb dieses Forums können sich die Mitglieder austauschen und Fragen einstellen bzw. beantworten. Es können Lösungen und Vorgehensweisen von allen Beteiligten dokumentiert erarbeitet werden. Dabei wird wiederum die Selbststeuerung gefördert und ein unstrukturiertes und kollaboratives, somit kreatives Lernen ermöglicht. Zudem fördert die Interaktivität auch das Wissen über weitere Mitglieder des Architekturteams und deren Stärken und besonderen Wissensgebieten.

Für die zeitnahe Kommunikation bei Fragen, die rasch geklärt sein müssen kann ein Chat genutzt werden. Damit wird die Kommunikation zwischen den Mitgliedern des Architekturteams, eine schnelle Interaktion zur schnellen Aufgabenbewältigung und eine günstige Kommunikationsalternative zum

Telefonieren realisiert. Dabei sollte die Synchronität, die für eine schnelle Interaktion erforderlich ist berücksichtigt werden.

Van Steenberg ordnet dem Architekten die Aufgabe zu sein Wissen mit anderen zu teilen (van den Berg & van Steenbergen, 2006, S. 111). Im konkreten Fall sollte der Architekt bzw. das Mitglied des Architekturteams die Aufgabe bekommen das Management und die Mitarbeiter über die Neuerungen innerhalb des Architekturmanagements zu informieren. Das kann mittels eines Weblogs erfolgen. Einzelne aktuelle Informationen können dabei zeitnah gepostet und mit Tags versehen werden, die diese für Manager oder Mitarbeiter sichtbar machen. Diese Unterscheidung kann nur mittels einer Registrierung für den Weblog ermöglicht werden bietet jedoch den Vorteil, dass innerhalb einer Technik Informationen für mehrere Empfängergruppen bereitgestellt werden können. Diese Weblogs können zudem mit RSS-Feeds versehen werden, die die jeweilige Nutzergruppe bei Bedarf abonnieren kann. Innerhalb des Weblogs ist eine multimediale Aufbereitung der Inhalte möglich. Es sollte jedoch beachtet werden, dass nur Architekten für Inhalte und Kommentare verantwortlich sind. Die Manager und Mitarbeiter sollten einen reinen Lesezugriff auf dieses Medium bekommen.

Da die Architekturprinzipien und Standards besonders wichtige Themen sind sollten diese in Form eines Word-Dokuments oder in einem ähnlichen einfach nutzbaren und ausdruckbaren Format bereitgestellt werden, damit die Mitglieder des Architekturteams einfach auf diese zugreifen können.

4.7.2 Management

Die Grundlagen sollten dem Management über WBTs bzw. CBTs bereitgestellt werden. Der Vorteil daran ist, dass diese Inhalte zeitunabhängig verfügbar sind. Ein weiterer Vorteil wäre, dass auf Notebooks WBTs an verschiedenen Orten durchgeführt werden können und CBTs sogar von Orten ohne Netzzugang, also bspw. unterwegs. Das ist wichtig für Manager, denn sie sind eher selten am eigenen Arbeitsplatz befinden sondern häufig zwischen mehreren Standorten unterwegs. Die Zeit, die dabei zum Lernen zur Verfügung steht ist zum einen ein längeres Zeitintervall auf Reisen, das mittels WBTs oder CBTs genutzt werden kann. Zum anderen ein kürzeres Zeitintervall zwischen Meetings, das durch weitere Techniken des M-Learnings überbrückt werden kann.

Es ist zu betrachten, dass der Manager durch die geringe Zeitkapazität und seine Eigenschaft als Führungskraft und Entscheider das Einzellernen bevorzugt. Das wiederum kann mit WBTs und CBTs ermöglicht werden. Diese Technik ermöglicht außerdem die Fremdsteuerung, die für die Übermittlung der Grundlagen unumgänglich ist. Eine Selbststeuerung ist innerhalb der WBTS und CBTs ebenfalls begrenzt möglich. Dabei wird nicht der Lerninhalt selbstgesteuert sondern durch die Interaktion mit dem System der Lernweg. Das führt zu Abwechslung und fördert beim Manager die Selbstverantwortung für sein Handeln.

Mit Hilfe von WBTs und CBTs können die Grundlagen des Architekturmanagements in multimedialer Aufbereitung übermittelt werden (siehe dazu die Ausführungen in Kapitel 4.7.1).

Das Wiki, das für das Architekturteam bereitgestellt wird und mit Videocasts über fast alle Themen des Architekturmanagements versehen ist, kann dem Management ebenfalls bereitgestellt werden. Dort können Informationen nachgeschlagen und weiterführende Informationen selbstgesteuert, selbstständig und ortsunabhängig angeeignet werden. Außerdem sollte die Möglichkeit bestehen, dass Manager einzelne Wiki-Beiträge ausdrucken können, denn das Lesen eines Textes fällt in gedruckter Form leichter und ein Ausdruck lässt sich oftmals einfacher mitnehmen als ein digitaler Text auf einem PDA oder Notebook.

Videocasts können auf mobile Endegeräte wie z.B. Tablet PCs oder Mobiltelefone geladen und innerhalb kürzerer Leerzeiten, z.B. zwischen Meetings zum Auffrischen genutzt werden. Zudem eignen sich diese kurzen Sequenzen auch zum Auffrischen vor einem Meeting zu einem konkreten Architekturthema. Durch diese Form des M-Learnings wird die Selbststeuerung der Inhalte ermöglicht.

Den Managern sollte zudem ein Weblog bereitgestellt werden, innerhalb dessen sie sich über aktuelle Informationen und Veränderungen im Architekturmanagement informieren können. Um nicht immer selbst nach den aktuellen Informationen sehen zu müssen ist hierbei die Möglichkeit gegeben ein RSS-Feed zu abonnieren, um stets über Neuerungen informiert zu werden. Dadurch werden die Ansprüche des Managements nach selbstgesteuertem, ortsunabhängigem und unstrukturiertem Lernen erfüllt.

Da die Manager in kurzer Zeit viele Entscheidungen treffen müssen, sollte ihnen die Möglichkeit gegeben sein, rasch und einfach Fragen an die Mitglieder des Architekturteams zu stellen. Dazu sollte eine Übersicht über das Architekturteam an einem zentralen Punkt z.B. im Wiki bereitgestellt sein. Dazu eignet sich ein Organigramm in dem die Verantwortlichen dargestellt werden, diese ist mit Fotos und Kontaktmöglichkeiten versehen. Diese Übersicht kann aufzeigen, wenn ein Architekturverantwortlicher via Chat erreichbar ist, denn somit können auf schnellstem Wege Fragen geklärt und Kontakte hergestellt werden.

4.7.3 Mitarbeiter

Für die Mitarbeiter kann eine gekürzte Version des WBTs bereitgestellt werden. Dazu können die Inhalte der Grundlagen-Trainings der Manager verwendet und angepasst werden. Dabei wird der Aufwand für die Erstellung neuer Trainigseinheiten minimiert, da keine komplette neue Lerneinheit erstellt werden muss. Die mediengestalterische Umsetzung bleibt dabei gleich.

Alle Mitarbeiter müssen über die Grundlagen des Architekturmanagements informiert sein, da sie nur ein geringes Interesse an einer Teilnahme an diesen Trainings haben, müssen sie dazu motiviert werden. Die Motivation kann bspw. durch die Ausstellung eines Zertifikats am Ende der Lerneinheit gefördert werden. Um dieses Zertifikat zu bekommen sollte eine Lernabfrage am Ende des WBTs erfolgen. Dort könnte mittels Multiple-Choice-Fragen überprüft werden ob der Lernende die Grundlageninformationen verstanden hat.

Diese Form des Lernens wäre fremdgesteuert und strukturiert, das bietet sich für das Erlernen der Grundlagen an. Das WBT kann zudem Außendienstmitarbeitern über das Internet an verschiedenen Orten bereitgestellt werden.

Die Form des WBTs eignet sich um einer großen Zahl an Lernern Informationen bereitzustellen. Diese können dann, wenn es ihr persönlicher Zeitplan zulässt diese Lerneinheiten durcharbeiten. Bei den WBTs für die Mitarbeiter muss keine Selbststeuerung des Ablaufs integriert werden. Die Motivation kommt von außen und muss daher nicht innerhalb der Trainingseinheit gefördert werden. Die Interaktivität innerhalb des WBTs wird über die Erfolgskontrolle in Form der Multipe-Choice-Fragen realisiert.

Den Mitarbeitern sollte zudem ein Weblog bereitgestellt werden, innerhalb dessen sie sich über Neuerungen informieren können. Durch die Erweiterung um ein RSS-Feed können die Informationen auch zum Mitarbeiter ‚gepushed' werden. Das ist sinnvoll, da das Interesse des Mitarbeiters nicht so hoch sein sollte, dass er sich stetig selbst um Informationen zum Thema Architekturmanagement kümmert. Innerhalb des Weblogs können außerdem kurze Übersichten über das Architekturteam und weitere wichtige Fakten wie z.B. die Architekturprinzipien und Standards veröffentlicht werden. Darauf kann dann jeder Mitarbeiter zu einem beliebigen Zeitpunkt zugreifen.

4.8 Zusammenfassung

Innerhalb dieses Kapitels wurde aufgezeigt, wie man unter Berücksichtigung elementarer Faktoren zu einer möglichen E-Learning Technik gelangt. Dabei wurde ausgehend von einer bestimmten Rolle, die in ‚Mitglied des Architekturteams', ‚Manager' und ‚Mitarbeiter' unterschieden werden kann die verschiedenen Lerninhalte betrachtet, die pro Rolle relevant sind. Es wurde betrachtet wie diese Inhalte unter Berücksichtigung der mediengestalterischen Möglichkeiten umgesetzt werden können und welche Techniken im E-Learning wiederum diese mediengestalterischen Umsetzungen zulassen. Andererseits wurde der Blick auf die Lernsituation gerichtet, in der sich eine Rolle befindet. Ausgehend von dieser Lernsituation wurden unterschiedliche mögliche Techniken aufgezeigt.

Diese beiden Betrachtungsstränge führen zu einer Fülle von Umsetzungsmöglichkeiten. Bei diesen Umsetzungsmöglichkeiten ist zu beachten, dass dabei jeweils alle Faktoren berücksichtigt werden müssen. Da die Betrachtung aller Umsetzungsmöglichkeiten den Rahmen dieser Arbeit sprengen würde, wurden exemplarisch verschiedene Szenarien aufgezeigt. Pro Rolle wurde ein Szenario konstruiert, dass alle Faktoren berücksichtigt und in der Realität so umgesetzt werden könnte.

Dabei ist zu beachten, dass jeder Managementansatz aus mehr als nur den Fakten besteht. Erfahrungen und Sozial-, Methoden- bzw. Handlungskompetenzen müssen dabei stets berücksichtigt werden. Der wichtigste Punkt den es im Architekturmanagement zu berücksichtigen gilt, sind die Menschen, die dabei Aufgaben übernehmen und Entscheidungen treffen bzw. fördern. Nicht alle Inhalte sind mittels E-Learning zu vermitteln. Die Kommunikations- und Methodenkompetenzen, die Anwendung des Gelernten, etc. Diese Inhalte lassen sich nur durch ein reales Miteinander und durch das Anwenden und Erproben verinnerlichen. Somit kann abgeleitet werden, dass E-Learning immer nur als eine Art Methodenmix, also in Form eines Blended Learning umgesetzt werden kann.

5 Zusammenfassung und Ausblick

Die Einführung eines systematischen Architekturmanagements betrifft mittel- und langfristig fast alle Mitarbeiter eines Unternehmens, denn Architekturmanagement ist keineswegs ein reines IT-Thema sondern betrifft alle Fachabteilungen. Da Architekturmanagement komplex und vielschichtig ist und die wenigsten Mitarbeiter über entsprechendes Know-how verfügen, ist mit einem sehr hohen Schulungsbedarf zu rechnen.

Wie die vorliegende Analyse zeigt, kann E-Learning ein Ansatz sein, um alle Mitarbeiter zu adressieren und ihnen die Grundlagen zu vermitteln. Dabei ist zu beachten, dass es verschiedene Adressaten innerhalb eines Unternehmens gibt, die sich wiederum in unterschiedlichen Lernsituationen befinden.

Bei der Einführung eines E-Learning Angebots für das Bebauungsmanagement müssen daher zunächst die potentiellen Nutzergruppen im Unternehmen identifiziert und ihre Lernsituation analysiert werden. Erst dann kann entschieden werden, welche Lernszenarien und technischen Umsetzungsmöglichkeiten für das Unternehmen sinnvoll einsetzbar sind. Werden die spezifischen Situationen und Bedürfnisse übergangen, kann mittels E-Learning kein Lernerfolg erzielt werden.

Durch die stetige Weiterentwicklung der Hardware und Software und der Web- und Informationstechnologie wird sich das Thema E-Learning beiständig entwickeln. Dabei ist anzumerken, dass das Präsenzlernen dadurch keineswegs abgelöst wird, sondern in Form von Blended Learning in einem Methodenmix aus Altbewährtem und Innovativem weiterhin existieren wird.

Die Idee, mittels E-Learningeinheiten Bebauungsmanagementexperten auszubilden, hatte sicherlich schon mancher Manager, Personalverantwortliche oder CIO, denn viele Inhalte des Bebauungsmanagements liegen in Form von Faktenwissen vor. Aufgrund der Komplexität des Themas ist Faktenwissen aber keineswegs ausreichend für eine erfolgreiche Einführung und Realisierung eines Bebauungsmanagements. Das Anwenden des Wissens, das Handling von Problemen, das Lernen aus Fehlern und die Auseinandersetzung mit anderen Beteiligten und direkt Betroffenen sind vielleicht sogar noch wichtiger. Das sind jedoch Erfahrungen und Situationen, die nicht mittels E-Learning realisiert werden können.

Zusammenfassend bleibt festzuhalten: E-Learning kann für die Vermittlung von Faktenwissen im Rahmen des Bebauungsmanagements eingesetzt werden. Besonderer Wert ist auf die zielgruppengerechte Ausgestaltung zu legen, denn sonst werden die Angebote nicht auf Akzeptanz stoßen.

Die vorliegenden Ausführungen bieten einen guten Ansatzpunkt für eine gezielte Gestaltung von E-Learningangeboten.

6 Verzeichnisse

6.1 Abbildungsverzeichnis

6.2 Tabellenverzeichnis

6.3 Abkürzungsverzeichnis

CAI   Computer Integrated Instruction
CAL   Computer Aided Learning
CBT   Computer Based Training
CEO   Chief Executive Officer
CIO   Chief Information Officer
CSCL   Computer Supported Collaborative Learning
CSCW   Computer Supported Collaborative Work
CUI   Computerunterstützte Instruktion
EA   Enterprise Architecture
EAM   Enterprise Architecture Management
IT   Informationstechnologie
PDF   Portable Document Format
RSS   Really Simple Syndication oder Rich Site Summary
WBT   Web Based Training
XML   Extensible Markup Language

6.4 Quellenverzeichnis

Aier, S., Riege, C., & Winter, R. (2008). Unternehmensarchitektur: Literatur-
überblick und Stand der Praxis. In H. U. Buhl, Wirtschaftsinformatik (4/50)
(S. 292 - 304). Wiesbaden: Vieweg & Teubner Verlag | GWV Fachverlage
GmbH.

Alby, T. (2007). Web 2.0: Konzepte, Anwendungen, Technologien. München,
Wien: Carl Hanser Verlag.

Baumgartner, P., Häfele, H., & Häfele, K. (Mai 2002). E-Learning: Didaktische
und technische Grundlagen. Abgerufen am 07. August 2008 von
http://www.peter.baumgartner.name/material/reference/e-
learning_CD_Austria.pdf/download

Berge, S., & Buesching, A. (2008). Strategien von Communities im Web 2.0.
In B. H. Hass, G. Walsh, & T. Kilia, Web 2.0: Neue Perspektiven für Marketing
und Medien (S. 24 - 37). Berlin, Heidelberg: Springer-Verlag.

Bernhardt, T., & Kirchner, M. (05. Juni 2007). Bernhardt Kirchner E-Learning
2.0 im Einsatz. Abgerufen am 07. Juli 2009 von http://www.tu-
ilmnau.de/fakmn/fileadmin/template/ifmk/fachgebiete/TechnikuWirtschaft
sgeschichte/dles_ac07/Bernhardt_Kirchner_E
Learning%202.0%20im%20Einsatz.pdf

Brahm, T. (2007a). Blogs: Technische Grundlagen und Einsatzszenarien an
Hochschulen. In S. Seufert, & T. Brahm, "Ne(x)t Generation Learning": Wikis,
Blogs, Mediacasts & Co. - Social Software und Personal Broadcasting auf der

Spur (S. 69 - 89). St. Gallen: Swiss Centre for Innovations in Learning, Universität St.Gallen.

Brahm, T. (2007b). Glossar 1.0. In S. Seufert, & T. Brahm, "Ne(x)t Generation Learning": Wikis, Blogs, Mediacasts & Co. - Social Software und Personal Broadcasting auf der Spur (S. 124 - 133). St.Gallen: Swiss Centre for Innovations in Learning Universität St.Gallen.

Brahm, T. (2007c). Social Software und Personal Broadcasting - Stand der Forschung. In S. Seufert, & T. Brahm, "Ne(x)t Generation Learning": Wikis, Blogs, Mediacasts & Co. - Social Software und Personal Broadcasting auf der Spur (S. 20 - 39). St. Gallen: Swiss Centre for Innovations in Learning, Universität St.Gallen.

Buckl, S., Schweda, C., Matthes, F., & Fritsch, W. (2008). EAM-Werkzeuge mit Stärken und Schwächen. Abgerufen am 14. August 2009 von http://www.informationweek.de/trends/showArticle.jhtml?articleID=21300 0854&printable=true

Buhl, H.U.; Heinrich, B. (2004): Unternehmensarchitekturen in der Praxis – Architekturdesign am Reißbrett vs. Situationsbedingte Realisierung von Informationssystemen. In: Wirtschaftsinformatik, 46(2004), 4, 311.

Chelvier, R., & Wickborn, F. (2005). Lehrstuhl für Simulation. (Otto-von-Guericke-Universität Magdeburg) Abgerufen am 24. Juni 2009 von http://www.sim-md.de/sommeruni/intro.pdf

Chief Information Officer Council. (2001). A Practical Guide to Federal Enterprise Architecture, Version 1.0. Abgerufen am 17. August 2009 von http://www.gao.gov/special.pubs/eaguide.pdf

Dern, G. (2006). Management von IT-Architekturen: Leitlinien für die Ausrichtung, Planung und Gestaltung von Informationssystemen. Wiesbaden: Vieweg & Teubner Verlag | GWV Fachverlage GmbH.

Dittler, U. (2003). E-Learning: Einsatzkonzepte und Erfolgsfaktoren des Lernens mit interaktiven Medien. München: Oldenbourg Wissenschaftsverlag GmbH.

Dreer, S. (12. Juni 2008). E-Learning als Möglichkeit zur Unterstützung des selbstgesteuerten Lernens an Berufsschulen. Abgerufen am 07. Juli 2009 von http://www.medienpaed.com/2008/dreer0806.pdf

Drobik, A. (2002): Enterprise Architecture: The Business Issues and Drivers. http://www.gartner.com/resources/109000/109097/enterprise_arch.pdf, Zugriff am 1.11.2007.

Dunger, M. (2008). Toolunterstützung für das IT-Bebauungsmanagement. Stuttgart: Hochschule der Medien.

Ebersbach, A., Glaser, M., & Heigl, R. (2008). Social Web. Konstanz: UVK Verlagsgesellschaft mbH.

e-learning.org. (2006). Foren. Abgerufen am 03. Juli 2009 von http://www.e-teaching.org/technik/kommunikation/foren/

Ernst, A.; Lankes, J.; Wittenburg, A. (2005): Enterprise Architecture Management. Werkzeuge für das Architekturmanagement großer IT-Landschaften. In: is report, 9. Jg. 12/2005, S. 42-45.

e-teaching.org. (o. J.). e-teaching.org. Abgerufen am 22. August 2009 von http://www.e-teaching.org/

e-teaching.org. (2007). Mobiles Lernen. Abgerufen am 05. August 2009 von http://www.e-teaching.org/didaktik/gestaltung/mobilitaet/

e-teaching.org. (2008a). Podcasts. Abgerufen am 03. Juli 2009 von http://www.e-teaching.org/technik/aufbereitung/audio/podcasts/

e-teaching.org. (2008b). Podcast. Abgerufen am 03. Juli 2009 von http://www.e-teaching.org/didaktik/gestaltung/ton/podcast/

e-teaching.org. (2008c). Wiki. Abgerufen am 03. Juli 2009 von http://www.e-teaching.org/didaktik/kommunikation/wikis/index_html

European Foundation for the Improvement of Living and Working Conditions (Eurofound). (19. September 2008). Arbeitsbedingungen in der Europäischen Union: Die Arbeitsorganisation. Abgerufen am 09. Juli 2009 von http://www.eurofound.europa.eu/pubdocs/2008/68/de/1/EF0868DE.pdf

Foegen, M. (2005). Architektur und Architekturmanagement - Modellierung von Architekturen und Architekturmanagement in der Softwareorganisation. Abgerufen am 09. August 2009 von http://www.wibas.de/e20/e2695/e52/e915/architekturundarchitekturmana gement_de.pdf

Gamer, M. (2003). E-Learning: Erfahrungen und Perspektiven. In A. Wendt, & J. Caumanns, Arbeitsprozessorientierte Weiterbildung und E-Learning (S. 13 - 21). Münster: Waxmann Verlag GmbH.

Gassler, G. (2004). Simulationswerkzeuge für die E-Learning Content Produktion. In T. Hug, Bausteine zur Einführung von E-Learning in Unternehmen (S. 189 - 197). Wiesbaden: Deutscher Universitäts-Verlag | GWV Fachverlage GmbH.

Gouthier, M. H., & Hippner, H. (2008). Web 2.0-Anwendungen als Corporate Social Software. In B. H. Hass, G. Walsh, & T. Kilian, Web 2.0: Neue Perspektiven für Marketing und Medien (S. 91 - 99). Berlin, Heidelberg: Springer Verlag.

Grune, C., & de Witt, C. (2004). Pädagogische und didaktische Grundlagen. In J. Haake, G. Schwabe, & M. Wessner, CSCL-Kompendium: Lehr- und Handbuch zum computerunterstützten kooperativen Lernen (S. 27 - 41). München: Oldenbourg Wissenschaftsverlag GmbH.

Günzel, H., & Rohloff, M. (2003). Architektur im Großen: Gegenstand und Handlungsfelder. Abgerufen am 09. August 2009 von http://subs.emis.de/LNI/Proceedings/Proceedings35/GI-Proceedings.35-72.pdf

Haake, J., Schwabe, G., & Wessner, M. (2004). CSCL-Kompendium: Lehr- und Handbuch zum computerunterstützten kooperativen Lernen. München: Oldenbourg Wissenschaftsverlag GmbH.

Hagen, C. (2003): Integrationsarchitektur der Credit Suisse. In: Aier, S.; Schönherr, M. (Hrsg.): Enterprise Application Integration – Flexibilisierung komplexer Unternehmensarchitekturen, Berlin, S. 61-81.

Hanschke, I. (2009). Strategisches Management der IT-Landschaft. München: Carl Hanser Verlag.

Hansen, H. R., & Neumann, G. (2005). Wirtschaftsinformatik 1. Stuttgart: Lucius & Lucius Verlagsgesellschaft mbH.

Heek, P. v. (2009). Innovation durch Web 2.0 in der Weiterbildung. Abgerufen am 09. Juli 2009 von http://www.elearning-journal.de/php/artikel.php?viewType=41&article=86

Hildebrand, K., & Hofmann, J. (2006). HMD Praxis der Wirtschaftsinformatik, Heft 252: Social Software. Heidelberg: dpunkt.verlag GmbH.

Hirvonen, A. (2005). Enterprise Architecture Planning in Practice: The Perspectives of Information and Communication Technology Service Provider and End-User. Abgerufen am 09. August 2009 von https://jyx.jyu.fi/dspace/bitstream/handle/123456789/13258/9513920437.pdf?sequence=1

Hoffmeister, K., & Roloff, K. (2002). E-Learning-Projekte zur Unterstützung von Changeprozessen. In U. Dittler, E-Learning (S. 103 - 128). München: Oldenbourg Wissenschaftsverlag GmbH.

Högsdal, N. (2004). Blended Learning im Management-Training. Köln: Josef Eul Verlag GmbH.

ITwissen.info. (o. J.). Diskussionsforum. Abgerufen am 14. August 2009 von http://www.itwissen.info/definition/lexikon/Diskussionsforum-newsgroup.html

James, G.; Handler, R. (2007): Cool Vendors in Enterprise Architecture, 2007. Gartner RAS Core Research Note G00146330, http://mediaproducts.gartner.com/reprints/alfabet_ag/146330.html, Zugriff am 20.11.2007.

Johann Wolfgang Goethe-Universität. (2009). Was ist E-Learning? Abgerufen am 21. Juli 2009 von http://www.uni-frankfurt.de/fb/fb08/FABacht/E-Learning/index.html

Jost, W., Kalex, U., & Seidel, B. (2006). EAM: Mehr als eine Inventur der IT. Abgerufen am 10. August 2009 von http://www.computerwoche.de/heftarchiv/2006/38/1216041/

Kaltenbaek, J. (2003). E-Learning und Blended-Learning in der betrieblichen Weiterbildung. Berlin: Weißensee Verlag.

Karrer, A., Laser, A., & Martin, L. S. (o. J.). Simulation Levels in Software Training. Abgerufen am 20. August 2009 von http://www.astd.org/LC/2001/0901_karrer.htm

Keller, K. (2008). Netzbasiertes Lehren und Lernen in der betrieblichen Weiterbildung. Wiesbaden: Gabler | GWV Fachverlage GmbH.

Keller, W. (2007). IT-Unternehmensarchitektur: Von der Geschäftsstrategie zur optimalen IT-Unterstützung. Heidelberg: dpunkt.verlag GmbH.

Kerres, M. (2006). Potenziale von Web 2.0 nutzen. Abgerufen am 07. Juli 2009 von http://mediendidaktik.uni-duisburg-essen.de/system/files/web20-a.pdf

Kerres, M., Ojstersek, N., & Stratmann, J. (2008). Didaktische Konzeption von Angeboten des Online-Lernens. In L. J. Issing, & P. Klimsa, Entwurfsfassung für: Online-Lernen – Handbuch für das Lernen mit Internet (S. k. A.). München: Oldenbourg Wissenschaftsverlag GmbH.

Kirchmair, C. (2004). Orientierungshilfe. In T. Hug, Bausteine zur Einführung von E-learning in Unternehmen (S. 3 - 32). Wiesbaden: Deutscher Universitäts-Verlag | GWV Fachverlage GmbH.

Küpper, C. (2004). Einsatz und Erfolg virtueller Personalentwicklung mittels E-Learning. In U. Hulg, & S. Laske, Virtuelle Personalentwicklung (S. 29 - 51). Wiesbaden: Deutscher Universitäts-Verlag.

Lankhorst, M. (2005). Enterprise Architecture at Work: Modelling, Communication and Analysis. Berlin: Springer-Verlag.

Lankhorst, M.; van der Torre, L.; Proper, H.A.; Arbab, F.; Hoppenbrouwers, S.; Stehen, M. (2005): Viewpoints and Visualisation. In: Lankhorst, M. (2005) (Hrsg.): Enterprise Architecture at Work. Springer Verlag, Berlin, Heidelberg, 147-190.

Laudon, K. C., Laudon, J. P., & Schoder, D. (2006). Wirtschaftsinformatik: Eine Einführung. München: Pearson Education Deutschland GmbH.

Leitel, J. (2007). Entwicklung und Anwendung von Bewertungskriterien für Enterprise Architecture Frameworks. München: Technische Universität München.

Lindström, A.; Johnson, P.; Johansson, E.; Ekstedt, M.; Simonsson, M. (2006): A survey on CIO concerns-do enterprise architecture frameworks support them? In: Information Systems Frontiers, Vol. 8(2006), 2, 81-90.

Lux, J., Wiedenhöfer, J., & Ahlemann, F. (2008). Modellorientierte Einführung von Enterprise Architecture Management. In G. Riempp, & S. Strahringer, HMD Praxis der Wirtschaftsinformatik, Heft 262: Unternehmensarchitekturen (S. 19 - 28). Heidelberg: dpunkt.verlag GmbH.

Masak, D. (2005): Moderne Enterprise Architekturen. Springer Verlag, Berlin, Heidelberg.

Matthes, F. (2009). Softwarekartographie - Enzyklopaedie Der Wirtschaftsinformatik. Abgerufen am 10. August 2009 von http://www.enzyklopaedie-der-wirtschaftsinformatik.de/wi-enzyklopaedie/ lexikon/is-management/ Systementwicklung/Softwarearchitektur/ Architekturentwicklung/Software-Kartographie

Meier, C. (2005). Gestaltungsfelder und Perspektiven für mobiles Lernen in der Hochschule. In D. Euler, & S. Seufert, E-Learning in Hochschulen und Bildungszentren (S. 405 - 422). München: Oldenbourg Wissenschaftsverlag GmbH.

Minass, E. (2002). Dimensionen des E-Learning: Neue Blickwinkel und Hintergründe für das Lernen mit dem Computer. Kempten: SmartBooks Publishing AG.

MMB-Institut für Medien- und Kompetenzforschung. (2009). MMB-Trendmonitor_2009. Abgerufen am 21. Juli 2009 von Learning Delphi 2009 - E-Learning 2.0 unterstützt Blended Learning: http://www.mmb-institut.de/2004/pages/trendmonitor/download/MMB-Trendmonitor_2009_I.pdf

MMB-Institut für Medien- und Kompetenzforschung. (2010). MMB-Trendmonitor II/2010. Abgerufen am 23. März 2011 von MMB-Institut für Medien- und Kompetenzforschung: http://www.mmb-institut.de/monitore/trendmonitor/MMB-Trendmonitor_2010_II.pdf

Morse, A. (2008): World Bank e-Development Thematic Group - Event Summary:Government Enterprise Architecture as Enabler of Public Sector Reform, http://siteresources.worldbank.org/EXTEDEVELOPMENT/ Resources/20080417_Event_Summary.doc?resourceurlname=20080417_ Event_Summary.doc, Abruf am 19.09.2008

Niemann, K. D. (2005). Von der Unternehmensarchitektur zur IT-Governance: Bausteine für ein wirksames IT-Management. Wiesbaden: Vieweg & Sohn Verlag | GWV Fachverlage GmbH.

Pieter, A. (2003). Selbstbestimmtes Lernen in der Schule. Abgerufen am 09. Juli 2009 von http://deposit.ddb.de/cgi-bin/ dokserv?idn=97231976x&dok_var=d1&dok_ext=pdf&filename=97231976x. pdf

Quack, K. (2006). Architektur-Management nutzt auch dem IT-Betrieb. Abgerufen am 08. August 09 von Knowledge Center - IT-Strategie - computerwoche.de: http://www.computerwoche.de/it_strategien/ it_management/582910/

Reinmann-Rothmeier, G. (2001). Bildung mit digitalen Medien. In W. Schindler, R. Bader, & B. Eckmann, Bildung in virtuellen Welten - Praxis und Theorie außerschulischer Bildung mit Internet und Computer (S. 275 - 300). Frankfurt am Main: Gemeinschaftswerk der Evangelischen Publizistik gGmbH.

Reinmann-Rothmeier, G. (2003). Didaktische Innovation durch Blended Learning. Bern: Verlag Hans Huber.

Riege, C., Stutz, M., & Winter, R. (o. J.). Geschäftsanalyse im Kontext der Unternehmensarchitektur. In G. Riempp, & S. Strahringer, HMD Praxis der Wirtschaftsinformatik, Heft 262: Unternehmensarchitekturen (S. 39 - 48). Heidelberg: dpunkt.verlag GmbH.

Riempp, G., & Strahringer, S. (2008). HMD Praxis der Wirtschaftsinformatik, Heft 262: Unternehmensarchitekturen. Heidelberg: dpunkt.verlag GmbH.

Rohloff, M. (o. J.). Ein Ansatz zur Beschreibung und zum Management von Unternehmensarchitekturen. Abgerufen am 07. Juli 2009 von http://ibis.in.tum.de/mkwi08/10_Informationsmanagement_und_IT-Outsourcing/02_Rohloff.pdf

Röll, M. (April 2005). Corporate E-Learning mit Weblogs und RSS. Abgerufen am 24. Juni 2009 von http://www.roell.net/publikationen/roell05-elearning-weblogs-rss.pdf

Rosemann, M., & Schallert, M. (2003). Issues in the Design of Enterprise Architecture. In E. A. (EAI), GI Arbeitskreis EA Frühjahrskonferenz 2003 (S. 42 - 49). St. Gallen: Competence Center Application Integration Management (CC AIM) der Universität St. Gallen.

Ross, J. (2003): Creating a strategic IT Architecture Competency: Learning in Stages. CISR Working Paper No. 335.

Schekkerman, J. (2004). How to survive in the jungle of Enterprise Architecture Frameworks. Victoria: Trafford Publishing - International.

Schlotfeldt, T. (o. J.). E-Learning 2.0 in Unternehmen. Abgerufen am 07. Juli 2009 von http://www.duslaw.eu/files/070627-Schlotfeldt.pdf

Schultz, V. (2003). Basiswissen Betriebswirtschaft: Management, Finanzen, Produktion, Marketing. München: Deutscher Taschenbuch Verlag GmbH & Co. KG.

Schwabe, G., Streitz, N., & Unland, R. (2001). CSCW-Kompendium. Berlin: Springer-Verlag Berlin Heidelberg New York.

Schwarzer, B. (2009). Einführung in das Enterprise Architecture Management. Norderstedt: Books on Demand GmbH.

Schweizer, K.-U. (2002). Live E-Learning - Dozentengeführete Seminare am Arbeitsplatz. In U. Dittler, E-Learning (S. 237 - 258). München: Oldenbourg Wissenschaftsverlag GmbH.

Schwörer, C., & Müller, T. (2009). Die Organisatorische Verankerung von Unternehmensarchitekturmanagement (unveröffentlicht). Stuttgart: Hochschule der Medien.

Seufert, S. (2007a). „Ne(x)t Generation Learning" – Was gibt es Neues über das Lernen? In S. Seufert, & T. Brahm, "Ne(x)t Generation Learning": Wikis, Blogs, Mediacasts & Co. - Social Software und Personal Broadcasting auf der Spur (S. 2 - 19). St.Gallen: Swiss Centre for Innovations in Learning, Universität St.Gallen.

Seufert, S., & Brahm, T. (2007b). E-Assessment und E-Portfolio zur Kompetenzentwicklung: neue Potenziale für Ne(x)t Generation Learning? In S. Seufert, & T. Brahm, "Ne(x)t Generation Learning": E-Assessment und E-Portfolio: halten sie, was sie versprechen? (S. 2 - 26). St.Gallen: Swiss Centre for Innovations in Learning, Universität St.Gallen.

Severing, E., Keller, C., Reglin, T., & Spies, J. (2001). Betriebliche Bildung via Intranet. Bern: Verlag Hans Huber.

Sinz, E. (2004): Unternehmensarchitekturen in der Praxis: Architekturdesign am Reißbrett vs. Situationsbedingte Realisierung von Informationssystemen. In: Wirtschaftsinformatik 46(2004), 4, S. 315-316.

Slusanschi, H. (2006): A Glimpse of a Few Enterprise Architecture Frameworks. In: Perspectives of the IASA, April 2007, No. 6, 13-18. www.iasaarchitects.org, Zugriff am 31.7.2008.

Stoller-Schai, D. (2002). Learning Communities und kollaboratives Lernen. In R. Neumann, R. Nacke, & A. Roos, Corporate E-Learning: Strategien, Märkte, Anwendungen (S. 107 - 125). Wiesbaden: Betriebswirtschaftlicher Verlag Dr. Th. Gabler GmbH.

Storrer, A. (o. J.). Getippte Gespräche oder dialogische Texte? Zur kommunikationstheoretischen Einordnung der Chat-Kommunikation. Abgerufen am 03. Juli 2009 von http://www.evawyss.ch/_pdf_zsmk/chat.pdf

Szugat, M., Gewehr, J. E., & Lochmann, C. (2006). Social Software: Blogs, Wikis & Co. o. O.: entwickler.press, Software & Support Verlag GmbH.

The Open Group. (2003). TOGAF (The Open Group Architecture Framework) Version 8.1 "Enterprise Edition". o. O.: The Open Group.

Thiele, A. (2005). IT-Bebauungsmanagement: Prozess- und Datenmodell. München: Technische Universität München.

Tiaden, C. (November 2006). Selbstreguliertes Lernen in der Berufsbildung: Lernstrategien messen und fördern. Abgerufen am 07. Juli 2009 von http://pages.unibas.ch/diss/2006/DissB_7762.pdf

Tiemeyer, E. (Juli 2004). E-Learning-Projekte erfolgreich managen. Abgerufen am 01. September 2009 von http://www.elearning-reviews.org/topics/resources-management/project-management/2001-tiemeyer-elearning-projekte-managen.pdf

van den Berg, M., & van Steenbergen, M. (2006). Building an Enterprise Architecture Practice: Tools, Tips, Best Practices, Ready-to-Use Insights. Dordrecht: Springer Nederlands.

Werres, M. (2002). Enterprise Architecture Management: The IBM Approach. Abgerufen am 09. August 2009 von http://akea.iwi.unisg.ch/downloads/20020909-ibm.pdf

Whittaker, S., & O´Connail, B. (1997). The Role of Vision in Face-to-Face and Mediated Communication. In K. E. Finn, A. J. Sellen, & S. B. Wilbur, Video-Mediated Communication (S. 23 - 50). Mahwah: Lawrence Erlbaum.

Wilbers, K. (2001). E-Learning didaktisch gestalten. Abgerufen am 07. August 2009 von http://www.educa.ch/tools/8333/files/wilbers2001.pdf

Wilbers, K. (o. J.). Lernen in Netzen: Modernismen und Traditionen, Schismen und Integrationsversuche. Abgerufen am 14. August 2009 von http://www.bwpat.de/ausgabe2/wilbers_bwpat2.shtml

Wittenburg, A., Lankes, J., & Matthes, F. (2005). Softwarekartographie: Systematische Darstellung von Anwendungslandschaften. In O. K. Ferstl, E. J. Sinz, S. Eckert, & T. Isselhorst, Wirtschaftsinformatik 2005: eEconomy, eGovernment, eSociety (S. 1443 - 1462). Heidelberg: Physika-Verlag.

Wortmann, J. (2007). E-Learning als Instrument der Personalentwicklung. Mering: Rainer Hampp Verlag.